U0181852

CONSTELADO

千 里 远 景 ， 如 在 尺 寸 之 间 。

明清饮食

从食自然到知灭味

伊永文 著

中国工人出版社

目 录

C O N T E N T S

主食

历史常有相似之处。"耕桑之地，变为草莽"（《明实录·太祖实录》卷五十），"田土荒芜，财赋日绌"（《清实录·世祖实录》卷一二一）。明清两代开国之初，均面临着由于战乱而呈现出来的一片版籍残亡、民众困乏的凋敝景象。休养生息，劝课农桑……顺理成章地提到了历史日程上来。

明清时期政府为进一步调动人民种植粮食作物和经济作物的积极性，颁布了一系列蠲免租税、奖励耕种的优惠政策。（《明实录·太祖实录》卷三六、五十、五二、六五、七六；《清实录·世祖实录》卷五六，蠲免；《大清会典》卷三六；《清史稿·列传》七六，杭奕禄）这些措施体现了明清统治者欲使民生乐业的考虑，确实激起了劳动人民专心于农事的热情。

据《明实录》《大清会典》等文献披露的数字：从明洪武元年（1368）到洪武十六年（1383）间，各地垦田亩数除个别年份稍有回落，基本呈现逐年上升的趋势。如洪武元年全国州县垦田数才77000亩，到洪武四年（1371）就达到了10662242亩。（《明实录·太祖实录》卷五十）从清顺治十八年（1661）至清嘉庆十七年（1812）这一百五十年间，耕地面积从549357640亩，上升为791525146亩。此数字尚不包括许多无法详尽统计的屯田、番地等。（杜修昌：《中国农业经济发展史略》，第十章清代·上，浙江人民出版社，1984年版）明清垦殖土地的势头，好像跨上了一匹在长长山路上不断疾驰的健马，奔向了历代王朝中的最高峰峦。（参见李伯重：《江南农业的发展1620—1850》，29页《耕

地》，上海古籍出版社，2007年版）

明清农业高度发展的主要结果是：稻、麦在人民的饮食结构中已占主导地位。其源盖出于明清统治者大力推广小麦向南移植，南方水稻在康熙皇帝及林则徐、李彦章等有识之士倡导下在北方播收成功，这必然使粮食产量有所增加。

明代后期从美洲经东南亚、西亚引进了玉米和番薯。公元1511年至1718年间，玉米已在南北20个省广为种植。从明末到有清一代，番薯已遍及18个省份。（郭松义：《玉米、番薯在中国传播中的一些问题》，载《清史论丛》，1983〔7〕）玉米和番薯均为高产粮食作物，其广泛种植进一步增加了已经不低的全国粮食总量，对人口增长起着很大的、近乎决定性的作用。

明代人口从开国到中期一直在五千多万徘徊，至末期人口才达到一亿左右。(《明实录·天启实录》卷十二、三八、六一、七四等。据明代陈全之:《蓬窗日录》卷三记:嘉靖人口有五千多万，然而亦不乏"民间口之入籍者十漏六、七"。至明末人口至少有一亿左右，当无疑义)而到了清道光二十年（1840），人口已超过了四亿。(《清实录·宣宗实录》卷二九二、三一七、三二九、三四三等)

众所周知，在以手工劳动为基础的社会经济中，粮食的品种和产量大致可以反映出一个时代的饮食水平。

遵循这一标准，观察明清两代征收的粮食品种，可以得知：在明代，稻、麦为主要粮食品种，并始终占据粮食品种的第一、二位。[①]清代与明代稍有不同，豆经常跃居麦子之前，若从整体着眼，小麦仍是居于稻子之后的第二大粮食品种。[②]

笔者又对明清南方的浙江、江苏，北方的河北、河南等较有代表性的产粮区域作一查考，发现这些地

① 《明实录·宣宗实录》卷一二；《明实录·英宗实录》卷二八；《明实录·武宗实录》卷三三；《明实录·世宗实录》卷二一；《明实录·穆宗实录》卷三七九；《明实录·神宗实录》卷四。
② 《清实录·圣祖实录》卷二十；《清实录·世宗实录》卷八九；《清实录·高宗实录》卷一二〇；《清实录·宣宗实录》卷三一一；《清实录·仁宗实录》卷一九五。

方的主要粮食品种则均为稻子、麦子，只不过它们侧重程度不同罢了。比如，明代隆庆年间的赵州，主要物产是黍、稷、大小麦、五色豆、芝麻、谷、蜀秫、荞麦，但赵州的南门外也开渠播种稻子，所以人们以"南畦稻熟"[①]为一景称之。这表明在明代北方，稻子仍是稀罕之物，麦子和五谷杂粮仍居榜首。

---

① 《隆庆赵州志》卷九《物产》。

稻

　　较之前代，稻子毕竟在北方的局部有了种植的痕迹，其种植范围虽小，但却缓慢而又曲折地扩大开来。① 史家津津乐道的万历年间的徐贞明、汪应蛟

---

① 郑克晟：《明代政争探源》，第十五章，天津古籍出版社，1998 年版。

等人在京畿附近招募南方农民营治水田，推行种稻之举①，其后果使北人眼界大开，始知种稻。而在此之前，天下每年运米至京师，有四百余万石，民粮不

① 徐贞明：《潞水客谈》，《畿辅河道水利丛书》；江应蛟：《海滨屯田疏》。

▶（清）冷枚 养正图册
太子观看稻谷收获的场景

在其数。仅北京"通州两处积米，除每当支用外，余二千余石，可六七年之食"①。

一向依赖"漕粮"度日的京城，也开始大兴水

① 陆釴:《病逸漫记》,《明钞五种》。

田。西湖（今昆明湖）四面水田如棋布列[1]，龙华寺院则拥有稻田千顷[2]，德胜门东一处也有数百亩水田[3]，京西房山县"色白粒粗，味极香美"的"石窝稻"也应运而出[4]。自徐贞明于万历十四年（1586）一年之间在京东永平垦殖三万九千余亩水稻[5]，到天启数年之间，天津至山海关开垦出十八万亩水田，所收稻米无法计算。[6]京畿一带种植水稻已形成风气。

谈迁从清顺治十年（1653）到顺治十三年（1656），两年半时间游历北京内外，亲眼见到"畿内间有水田，其稻米倍于南。闻昌平居庸关外保安、隆庆、阳和并艺水稻，其价轻"[7]。再以雍正五年（1727）至雍正七年（1729）为例，其所分京东、京西、京南、天津四局所辖三十五州县暨两场，共开水田六千多顷，而且是年年丰收，"稗秸积于场圃，秔

---

① 刘侗、于奕正：《帝京景物略》，卷七《瓮山》。
② 刘侗、于奕正：《帝京景物略》，卷一《龙华寺》。
③ 刘侗、于奕正：《帝京景物略》，卷一《三圣庵》。
④ 徐昌祚：《燕山丛录》。
⑤ 《明史·列传》第一百一十一《徐贞明》。
⑥ 《明史·志》第六四《河渠·六》。
⑦ 谈迁：《北游录》纪闻·上，三十四《水稻》。

稻溢于市廛"。①

康熙当朝，还在宫内亲种水田，而且用"一穗传"的育种方法，培育出了色微红而粒长、气馨香而味腴的早熟新稻种，并移种于长城以北。②这种"御稻米"，颗粒长巨，味香甘③，为"塞北种稻"树立了范例。果然，乾隆三十三年（1768）以前，在北纬42°的辽沈地带，又出现了杭稻和黏稻。因色味美，黏稻作为皇家大典祭祀之品，年年贡奉。④

在南方，从盛产稻子的福建来看，有山田、溪田，即旱稻、水稻；有早、晚即两熟之别，而且在两熟之田，可在早稻里插晚稻秧苗，早稻先收，隔一段再收晚稻⑤，或"早稻初割种豆，晚稻初割种麦"⑥。

其实，早在明代，稳产、高产的双季稻就遍及大

---

① 《清朝经世文编》卷一〇八《土政直隶水利》。
② 《康熙几暇格物编》下之下《御稻米》。
③ 周寿昌：《思益堂日札》卷三《御稻》。
④ 《钦定盛京通志》卷一〇六《物产》。
⑤ 郭柏苍：《闽产录异》卷一《谷属》。
⑥ 陈盛韶：《问俗录》卷一《建阳录·五十文钱》。

江南北。[①]从明朝方志看，华南沿海一带已出现"麦—稻—稻"一年三熟的记录。[②]稻子的品种也多，江南较为常见的稻品有粳稻21种，糯11种。它们是——

粒细长白，味甘甜，九月熟的上品"箭子"；粒大尖红，性硬，四月种、七月熟的"金城稻"；粒小色斑，以三五十粒加入他米数升炊之，芬芳馨美的"香子"；色白、性软、五月种、十月熟的"羊脂糯"；粒大、色白、芒长，熟最晚，色易变，酿酒最佳的"芦黄糯"；湖州色乌而香的"乌香糯"……[③]明代的乌青的文献所记粳稻已达七十余种。[④]

清代吴江县的稻类品种则多达百余种：

箭子稻、香粳稻、大籼、小籼、早白稻、晚白稻、赤芒、白芒、早稻、大乌芒、乌稻、乌须、小乌芒、灰稻、雷稻、云南稻、马鬃乌、麻子乌、黄穋、红莲稻、矫赤稻、师姑粳、闪西风、三朝齐、救公饥、

---

① 游修龄、曾雄生：《中国稻作文化史》，上海人民出版社，2010年版。
② 《万历福州府志》、梁家勉：《中国农业科学技术史稿》，附录《年表·明》，农业出版社，1989年版。
③ 黄省曾：《理生玉镜·稻品》，《百陵学山》。
④ 据《民国乌青镇志》。

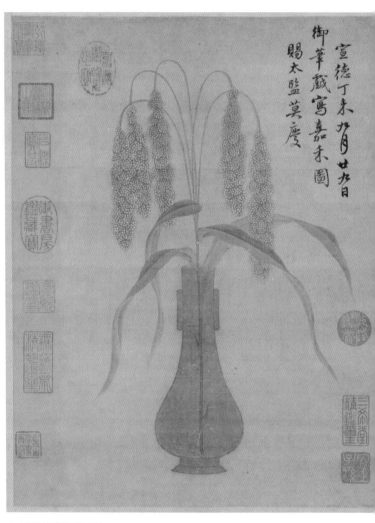

宣德丁未九月廿九日
御筆戲寫嘉禾圖
賜太監莫慶

▲（明）朱瞻基　嘉禾图

大黄稻、青光头、花光头、金城稻、乌口稻、鹅脚黄、赤籼、山白稻、红蓬稻、红稃晚稻、鸭嘴稻、野稻、八月白、六十日稻、紫芒稻、靠山青、晚陈芒、雪里拣、红蒙子、紫染头、吊杀鸡、悭五石、中秋稻、下马看、泥里变、上秆青、晚颊芒、稻公拣、枇杷红、黄梗籼、无名稻、六稀稻、再熟稻、麦争场、雪里变、光头白、小白稻、红皮稻、赤谷稻、罢亚稻、扬名稻、百日赤、靠离望、早中秋、牛口乌。

珠子糯、师姑糯、羊脂糯、赤谷糯、芦黄糯、乌香糯、中秋糯、枣子糯、朱砂糯、矮儿糯、羊须糯、粟壳糯、瓜熟糯、川梗糯、秋风糯、晚糯、胭脂糯、虎皮糯、乌须糯、蟹壳糯、早红糯、铁梗糯、雷州糯、佛手糯、虎斑糯、芝麻糯、早黄糯、瞒官糯、香糯、金钗糯、灶王糯、鹅脂糯、青秆糯、榧子糯、长鬃糯、赶陈糯、冷糯。①

若从地理环境观察，江南水田大半种植如此之多稻米，是情理之中的现象，但若从历史来看，宋代

---

① 《康熙吴江县志》卷七《物产》。

稲 いね

糯米

もちのいね　和名

經書歷史ふ書まる所の稲
い糯ゝ粳と二物の通称多
方術本草の書ふ載る所の
稲ふ糯米多くさきの物を
長鬚糯埰時をあるもを
大燒糯とらふ粘あらて糕
に餅ちとろぶもの見ゆる

▲（江户时代）本草图谱·糯米

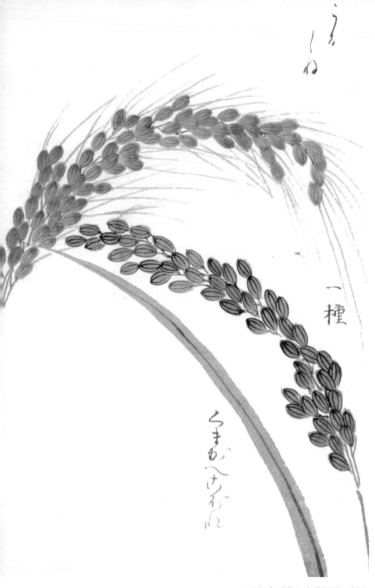

▲（江户时代）本草图谱·粳米

▲ （江户时代）本草图谱·粟

以后，江南就有"苏常熟，天下足"①和"苏湖熟，天下足"②的谚语，到了明代，又出现了"湖广熟，天下足"③的说法。据此看来，宋应星作出的"明代人民所食者，稻子占十分之七"④这一估计并非偏高之谈。

① 陆游：《渭南文集》卷二十《常州·牛闸记》。
② 范成大：《吴郡志》卷五。
③ 《地图综要》内卷湖广之部，明崇祯刊本。
④ 宋应星：《天工开物》上卷《乃粒·总名》。

　　事实上，明代全国人口的 50% 都集中在浙江、江西、南直隶（即今江苏、安徽、上海一带）的土地上。[①]也就是说，江南所产稻米，至少满足了明代全国一半人口的食用。而芜湖、九江、无锡、长沙这"四大米市"，都是在明清兴盛起来的就是一个有力的佐证。

　　明代以来，几乎所有的江南百姓都是吃米的。他们计划一年吃米若干石，一到冬天就舂臼米贮存起来，叫作"冬舂米"[②]。清代江南，一入腊月，也是将一年的米舂好，贮存在仓，准备食用。如有一首《冬舂米》乐府诗所言："东家稻堆高并屋，西家砻场如切玉。""有米冬舂一生足"[③]，即使是明清时期的山东，人民的主食也是"稗稻插豆子干饭"[④]，"大米连汤水饭"[⑤]。

---

① 从翰香：《论明代江南地区的人口密集及其对经济发展的影响》，载《中国史研究》，1984（3）。

② 顾禄：《清嘉录》卷十一《十一月·冬舂米》。

③ 陆容：《菽园杂记》卷二。

④ 兰陵笑笑生：《金瓶梅词话》，第一百回，人民文学出版社，1992 年版。

⑤ 西周生：《醒世姻缘传》，第六九回，上海古籍出版社，1981年版。

耕第九圖 拔秧

青邈刺水滿平川 移植西疇更勃然節序
驚心芒種迫分秧 須及夏初天
吉辰逢社兒童趁 比戶盈把分青壤和
根灌綠游克童擔餉 植婦子製秧旗懵得
為農樂辛勞自不知
勻鋪綠毯滿平川 萬井風和花欲然移
自南疇向西陌 拔秧時節日長天

▲（清）焦秉貞 御制耕織圖·拔秧

耕第十圖 插秧

千畦水澤正瀰瀰 競插新秧後亞旅
同心欣力作月明歸去莫嫌遲
令序當芒種 農家插蒔天隙分行整整仁
看影芊芊力合開歌發栽齊聽鼓前一朝
千頃遍長日正如年
甫田萬井水瀰瀰 拔得新秧欲插時槐
夏麥秋天氣好 及時樹蓺莫教遲

▲（清）焦秉貞 御制耕織圖·插秧

年穀豐穰萬寶成築場納稼積如京廻思
望杏瞻蒲日多少年勤戚倍生
紅秈收十月白水浸陂腊釀熟田家慶場
新歲事登雲堆香舟舟露積層層勞畚
三時過療糧幸可憑
登場此日望西成大有頻書慶帝京糯
稑滿車臺玉粒此隣亦覺笑顏生

▲（清）焦秉貞 御制耕织图·登场

南畝秋來慶阜成罷罷未釋老農情霜天
曉起呼鄰里徧黝邨邨打稻聲
力田欣有歲暘喜晴冬饗洛連趂急塵
浮夕照濃鼠銜糧畏饞鷄啄自從容幸值
豐亨世免民比屋封
場圃平堅庆蟇成如坻露積最關情情殷
勤婦子軍持穗好聽千家拍拍聲

▲（清）焦秉貞 御制耕织图·持穗

麦

在明清时期，仅次于稻米的是小麦。从全国的河北、陕西、山西、河南、山东各省着眼，老百姓的口粮中，小麦占了一半。在稻米为主的地区，西起四川、云南，东至福建、浙江、江苏，以及中部的安徽、湖南、湖北一带的方圆六千里的地区，小麦种植也达二十分之一。[①]

然而，这是宋应星大大偏低的一个估数。因为早在南宋和元代，江南地区就已经普遍实施了稻麦两熟的耕种法，《吴郡图经续纪》卷上《物产》记道："其稼则刈麦种禾，一岁再熟。"明清农业则胜于宋元农业，明末清初的《沈氏农书》就记录了当时世界上最先进的小麦移栽法，"若八月初先下麦种，候冬垦田移种"，"收时倍获"。这些都表明麦子产量当不会像宋应星所估计的那样低，而是大大地提高了。

笔者曾对宋应星所说的一些省份用明清地方志作

---

① 宋应星：《天工开物》上卷《乃粒·麦》。

▲（明）获耕图 壁画

此处壁画讲述的是舜发于畎亩的故事，图为农夫正在收获金黄的麦子

抽样观察，认为小麦与稻子几乎可以并驾齐驱。如以
产稻米最盛的浙江、江苏两省为例。浙江的黄岩、武
康、海门、太平、新昌、浦江、淳安，江苏的仪真、
高淳、扬州、海州、昆山、句容、江阴等地①，这些
地方的麦子唯一不足的是，不像北方的麦子品种那样
多，如河北河间府的秋小麦、宿麦、春小麦、大麦、
火麦、米大麦、荞麦、燕麦等。②但是这些地方均具备
小麦、大麦、荞麦等主要麦种。有的主要产稻区竟拥
有大麦、小麦、穬麦、荞麦、舜哥麦、紫杆麦、白麦、
赤麦、平麦、横枝麦、火烧麦等主要的麦子品种。③

麦子无疑是相对于稻子的另一大宗食物。在皇
家御苑内也可以看到麦浪翻滚的景象："两歧凝露垂

① 《万历黄岩县志》卷四《物产》；《嘉靖武康县志》卷四《物产》；《嘉靖海门县志》卷四《食货·土产》；《嘉靖太平县志》卷三《物产》；《万历新昌县志》卷五《物产志》；《嘉靖淳安县志》卷四《物产》；《隆庆仪真县志》卷七《食货考》；《嘉靖高淳县志》卷一《物产》；《嘉靖维扬志》卷八《田赋志》；《隆庆海州志》卷二《土产》；《嘉靖昆山县志》第一卷《土产》；《弘治句容县志》卷三《土产》；《嘉靖江阴县志》卷六《食货记·第四》。
② 《嘉靖河间府志》卷七《土产》。
③ 《康熙吴江县志》卷七《物产》。

黄茂，万斛连云际绿畴。"[1]自明嘉靖朝至明崇祯朝，朝廷赏赐百官开始设"麦饼宴"，它被史家尊为"旷典"，因而也被称为"义深远矣"[2]。

从朝廷对麦子的尊崇态度可以想见，麦子已成为明代人们喜爱的必不可少的食物。在南方的农家，也将荞麦作为居冬度日的主食[3]，便表明了这一点。

清代，一首题为《麦贱》的诗歌告诉我们："重罗白胜雪，连展甘苦饴。贫家得饱啖，妇子聚而嬉。""官仓鲜实贮，贮者或成灰。"[4]另一首吟咏新疆麦子的诗亦满是感慨："谁知十斛新收麦，尚换青蚨两贯余。"作者还特注道："其昌吉特纳格尔诸处，市斛一石，仅索七钱，尚往往不售。"[5]这些现象使我们从中了解到清代麦子产量相当高，价钱也相当便宜。著名产麦地区和县份多达51个。[6]甚至地热的台湾也

▶（清）袁江 春畴麦浪

① 《震川先生集》别集卷十《西苑观刈麦》。
② 陆以湉：《冷庐杂识》卷三《麦饼》。
③ 徐光启：《农政全书》卷二六《树艺》。
④ 吴振棫：《米谷》，《清诗铎》卷二。
⑤ 纪昀：《乌鲁木齐杂诗》民俗三十八首。
⑥ 鄂尔泰：《授时通考》卷二六《谷种·麦》。

穬麦 大麦

一年种二茬麦子，以磨粉充食。①

清代小麦的品种较之明代更多，食用方式也更丰富。如一个鄢陵县，"大麦三月黄嘉，小麦自黄皮蜻子之外，有白麦、御麦为最佳。其他曰红秆、曰铁秆、曰光头、曰条儿之类，难以悉举"，又如六合县"大麦有糯者可以酿酒，磨面作酱亦甘美"。②

① 连横：《台湾通史》卷二七《农业志》。
② 鄂尔泰：《授时通考》卷二六《谷种·麦》。

◀（明）文俶 金石昆虫草木状
万历彩绘本

小麦

其中有代表性的是"黑龙江麦"，因其小麦磨出面的质量远胜于内地，故每年六月都要将黑龙江面粉"充贡"朝廷，十一月时的"年贡"也要附上它。特别是黑龙江的荞麦，适合做煎饼、挂面之类，甘滑洁白，为他处所无。①

以稻米三熟而著称的广东，粤人在招待客人时

---

① 西清：《黑龙江外记》，《渐西村舍汇刊》。

此中國烙煎餅之圖其人用小米黃豆用
水磨之汁或盆內用杓放上用小竹
扒撥杓即烙得刮快各曰煎餅

a seller of flour (flapjacks) pan cakes
the small bamboo hammer shape clover is used for spreading
the composition spread in pan & turning it over.

▲（清末）佚名 烙煎饼 外销画

主　食

也以擘面、索面为羹汤，市中或卖温淘或冷淘，切成薄片像蛱蝶双飞之状的水面。此外还有干饼、襄衣油饼、馄饨、水晶包、卷蒸等繁多面食。①

清代的麦子得以广泛地食用，可以得出这样的结论："次于米者为小麦，亦为国人重要食品。"②

玉米

在明清两代，和稻麦并重的是被明清人民称为"杂粮"的玉米和番薯。③ 综合诸专家之研究成果④，玉米来源可归纳如下：

从明代中期，"玉米"记载已见于史书，如《滇南本草》。随后有《平凉府志》《留青日札》，统称为

---

① 屈大均：《广东新语》卷十四《食语·麦》。
② 萧一山：《清代通史》卷中，第二篇。
③《乾隆宝庆府志》卷二十九《物产》："玉米，俗名包谷，乃杂粮之属。"《光绪井研志》卷八《土产》："其杂粮充食，甘薯尤伙。"类似记载甚多。
④ 万国鼎：《五谷史话》；郭松义：《玉米、番薯在中国传播中的一些问题》；陈树平：《玉米和番薯在中国传播情况研究》；何炳棣：《美洲作物的引进、传播及其对中国粮食生产的影响》。

李朝食鑑に南蛮の
横長崎より来ると云初
夏実とドーて生い茎
葉こうて蜀黍のごとく
穂の形角黍の如く野に
細きものあり長さ二三寸色
を開け魚子のからうりて大
ううまく浮沖う種る野の品
黄白色二又うがうらい
よりいえ実の至つ長美い
りのうう

玉蜀黍

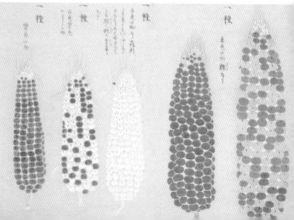

▲▶（江户时代）本草图谱
　各色玉蜀黍

"玉麦""番麦"。如果按有的专家据最迟成书于成化十二年（1476）的《滇南本草》推算的话，[1]在哥伦布发现美洲之前，中国已有玉米了，距今有五百多年历史。

到明朝末年，玉米这种外来粮食品种已扩及全国半数以上的省份，它们是河北、山东、河南、陕西、甘肃、江苏、安徽、广东、广西、云南、浙江、福建等。进入清代，玉米的种植区域继续有所扩大，一些过去未见有玉米记载的省区，如辽宁、山西、江西、湖北、四川、台湾、贵州都先后种植了玉米。

从明嘉靖十年（1531）最早的广西方志记录"玉米"开始，到清康熙五十七年（1718）为止，仅仅187年间，玉米就已传遍了20个省份，进入了大规模推广的阶段。

其中发展最快的，当推四川、陕西、湖南、湖北等一些内地省份，此外像贵州、广西、皖南、浙南、赣南等山地也发展迅速，玉米之所以在这些地方充分

---

[1] 游修龄：《玉米传入中国和亚洲的时间、途径及其起源问题》，载《古今农业》，1989（2）。

显示出了价值意义，主要是因为这些地区涌入了大量的移民。

在实践中他们发现生荒之地不适宜种小米等粮食作物，因为它们被播种之后，要辛勤耕耘，而且生长期长，成熟若不及时抢收，籽粒将撒落。亩产只能百来斤，差一点的只能收到八九十斤。数口之家，难以为继。而玉米则不论悬岩陡岗，只要人能涉足，便可播种，它生长力强，一亩通常可收三四百斤。这是四川东部一位老人，在 20 世纪 50 年代初期向来访的人口学者讲述祖辈传说清初当地人民种植玉米的情况。[①]

依此观察一下四川，的确如是：四川贫户磨玉米面煎饼，"足充日食"[②]，"民食全赖包谷杂粮"[③]，尤其"山中食御麦"[④]，"山居则用玉蜀黍为多"[⑤]。有的竟从

① 赵文林、谢淑君：《中国人口史》，第十章，人民出版社，1988 年版。
② 《道光乐至县志》卷三《物产·谷之品》。
③ 严如煜：《三省边防备览》卷八《民会》。
④ 《嘉庆彭县志》卷三九《风俗》。
⑤ 《嘉庆峨眉县志》卷之一《乡舆志·风俗》。

湖南来到四川山区，给人帮种"包谷"度活。[①]

何止四川一地如此，有清一代相当多的史料可以佐证玉米已成为全国各地人民欢迎的食物了。乾隆二十七年（1762）陕西延长县令王崇礼为"劝种玉米济民食事"而出的《示谕》，集中地概述了玉米的"十便""五利"：

查百谷限时树艺，独玉米自二月至四月皆可种，不必迸日赶耕，致穷农力，一便也。

布籽吐苗，叶粗易长，不受蔓草蒙翳，锄可稍迟，二便也。

苗宜疏散，视高粱更甚，镬锄用力，不致促密受伤，三便也。

吐穗带苞披缨，狂风疾雨无碍，四便也。

结实成熟，可俟各谷登场后徐收，不虞黄落，五便也。

颗粒坚附穗心，不剥不下，易于携挑，六便也。

---

① 中国第一历史档案馆：《刑科题本》，乾隆二十一年十一月十二日刑部尚书鄂弥达题。

收获到家，随便堆放，毋需板厩土瓮，七便也。

到场滚打，有心无壳，易于收扫，不用筛扬，八便也。

或舂或碾，或米面，或将园秸煮煨，熟食甚易，九便也。

远路袖带，冷亦可食，可抵糇粮，十便也。

种须耕深，耕深则根远，每根每枝可结四五穗，每穗可结数百粒，所获自多，其利一也。

赤种为黏，白种为糯，与各谷分软硬同黏，宜作饭糯，可酿酒。可蒸馍，食之易饱，其利二也。

粒无粗皮，比他谷糠秕较细，计每斗可碾面八九升，余麸一二升，煮喂牲畜，尤易肥长，其利三也。

单煮固可饱餐，若以粉伴麦面、米，伴稻粱，煮食尤美，其利四也。

梗既作薪，耐炊，亦能垫桥铺屋，其利五也。[①]

乾隆三十年（1765），任湖北肇州知州的吴世

---

① 《乾隆延长县志》卷之十《艺文志·示谕》。

贤，作了一首《包谷行》诗赞曰："万峰簇簇人似烟，鸣钲击鼓歌彻天，妇赤脚，男屃肩，相呼相唤来种田。田中青青惟包谷，粒粒圆匀球十斛……"[1]从诗中不难想见当年湖北人民种玉米的盛景。

毗邻湖北的湖南，玉米已是"遍艺之，凡土司之新辟者，省民率挈拏入居。垦山为陇，列植相望。岁收子捣米而炊，以充常食"[2]。

云南的东川府，城中园圃也种上了玉米。[3]

贵州的山民只知种玉米、粱稗等，却不知黍与小麦等。[4]

东北关外各地，有关玉米"沤粉、磨、做饭、烧酒皆用之，普遍粮也"的记录更是连篇不绝。[5]

▶（清）萧晨 江田种秋图

---

[1] 《道光鹤峰州志》卷十三《艺文志》。

[2] 《乾隆二十五年东川府志》卷二四《物产·谷之属》。

[3] 《乾隆二十九年东川府志》卷十八《物产》。

[4] 《乾隆绥阳县志·艺文·利民条约》。

[5] 《东北乡志编修》，始于清光绪三十二年。然所成《乡土志》大致可反映出光绪前东北各方面实际情况。光绪年间编修《乡土志》中玉米记录，也可看作是光绪前玉米情况的记录。因此，可参阅光绪十七年，柏英：《伯都纳（扶余）乡土志》《光绪宽甸县乡土志》《光绪梨树县乡土志》等。

結廬次江干江田多樹
林秋來實笠勝煙飲也
　　　　圖奉
廬◯恒石先生大教并題請

偏远的新疆，虽然五谷俱产，但人们日常还是以苞谷等杂以菜蔬为餐。①

如此等等，不一而足，所以，有著作认为清代甘肃、云南、贵州的开发即得力于玉米。此说并不为过。实践证实正是这些省份的百姓，把一片片荒芜的土地变为苞谷开发的区域，换言之，玉米的种植哺育了数以千百万计的人民，促进了社会的繁荣。②

番薯

在明清两代，与玉米齐名的另一种外来粮食作物是番薯。

据专家考证：中国自汉晋时代就有甘薯③，明朝末年又从外国传来了甘薯的良种——番薯④。这就是所

---

① 《道光哈密志》卷十七《舆地志·风俗》。
② 许涤新、吴承明：《中国资本主义的萌芽》第三章，人民出版社，1985年版。
③ 周源和：《甘薯的历史地理：甘薯土生、传入、传播与人口》，载《中国农史》，1983（3）。
④ 梁方仲：《番薯输入中国考》，载《中央日报》，1939（6），史学（39）。

谓"薯传外番",因名番薯的来源。① 此称呼最早见于明万历年间的福建巡抚金学曾颁发的《海外新传七则》。

那么,番薯是从哪一国传入的? 据何乔远记述:

番薯是从吕宋,即今菲律宾传入福建的。在这个国家里,番薯皆是,被野连山。其茎叶蔓生,润泽可食。或煮,或磨为粉。其皮薄而朱,可去皮而食;可熟食,也可酿成酒。生食如食葛,熟食色如蜜。其味如熟荸荠,生贮有蜜气,香闻室中。番薯不与五谷争地,贫瘠卤沙岗地均可生长。浇粪则可加大,下雨其根益奋满。大旱不加粪治,也不失径寸,一斤不值一钱,二斤便可充饥。于是老人、儿童、乞丐,甚至鸡、犬都吃。②

这段记录较有代表性,在番薯传入中国以后问世

---

① 日本帝国图书馆藏万历四十年黄士绅纂,《惠安县续志》卷一《物产续纂》:"夷物而中国,则中国之曰番薯,不忘旧也。"
② 何乔远:《闽书》卷一五〇《南产志·上》。

▲（清）佚名 卖红薯 外销画

的众多典籍中，著作家们都用几乎相同的笔触展示了类似何乔远所说的番薯的景况。[1] 尤其是在清初以来的各省地方志中，推崇番薯的文字则屡见不鲜——

在河北，"麦秋之后，农家休假，广为种植"[2]。

在陕西，番薯被称为"利生之物"[3]。

在四川，居民将它与稻并重[4]。

在广东，"珠崖之地，海中之人皆不耕稼，燋掘地种甘薯，秋熟收之，以充粮粮"[5]。

在湖南，"一亩收数十万，胜种谷二十倍"[6]。

在河南，"人家有隙地数尺，便可种得石许，最堪济歉"[7]。

---

[1] 如明代王圻：《稗史汇编》；王象晋：《群芳谱》；清代王沄：《闽游纪略》；黄叔璥：《台海使槎录》；吴震方：《岭南杂记》；陆光天：《甘薯录》；张宗法：《三农记》；陈经：《双溪物产疏》；林伯侗：《公车闻见录》；黄本骥：《湖南方物志》等。

[2] 《乾隆畿辅见闻录》，同见于《牧令书辑要》卷三《农桑种薯》。

[3] 《乾隆咸阳县志》卷一《地理》。

[4] 《道光蓬溪县志》卷十五《物产》。

[5] 《道光广东通志》卷九四《舆地略物产·草类》。

[6] 《嘉庆长沙县志》卷十四《风土志土产·蔬属》。

[7] 《乾隆光山县志》卷十三《物产》。

在福建的仙游县，人们烹番薯时掺稻米少许，"朝夕食不厌，东南北虽富民亦食此"①。

在台湾，人则皆食番薯，而将产的大米全为贩运，以资财用。②一般贫民每日三餐则食粥及番薯，"虽歉岁不闻啼饥也"③。

在山东，人民常佐以番薯食用。④

以上所述，仅仅是番薯在各地的一部分情况。但已可看出自番薯传入福建以后，南至广东，北达江浙，远及华中、华北和西南，其传播速度是相当快的。特别是"自乾隆以后，农家多以薯米为粮"⑤。如山东诸城，在乾隆二十九年（1764）以前还没有番薯，乾隆二十九年以后番薯竟成为当地土产了。⑥

值得注意的是沿海沿江地域人口增长是非常快速

---

① 陈盛韶：《问俗录》卷二《仙游县》。
② 姚莹：《中复堂全集·东溟文后集》卷六《与毛生甫书》。
③《道光彰化县志》卷九《风俗志·饮食》。
④《道光荣城县志》卷三《物产》。
⑤ 林鹗：《泰顺分疆录》卷三《风俗·饮食》。
⑥《乾隆诸城县志》卷九《方物考第九》。

的^①，为了解决日益紧迫的人口压力，人们不得不更多地转向种植高产、多用、易活的番薯以求生存。

在福建，"依山傍谷，诛茅结屋而居，曰棚民"，他们往往带"番薯之种，携眷而来，率皆汀、泉、潭、永之民。三四年土瘠薄辄转徙，岁时各随其乡之俗"^②。

在浙江，"各山邑，旧有外省游民，搭棚开垦，种植苞芦、靛青、番薯诸物，以致流民日聚，棚厂满山相望"^③。所以，在后来的浙东大饥荒发生时，"藉红薯丝以有活者亿千万人"^④。这并非夸大其词。

据此也就不难理解连身份显贵、唯利是图的缙绅、商贾，也都从闽、广、浙、江、蜀、豫等地往蜀者"带回番薯布种"这一现象了。^⑤

而人民之所以选择了番薯并热烈推广之，就是因

① 程贤敏：《论清代人口增长率及"过剩"问题》，载《中国史研究》，1982（3）。
②《嘉庆南平县志》卷八《风俗志·杂俗》。
③ 张鉴：《雷塘庵主弟子记》卷二。
④ 陈仅：《劝谕广种红薯晒丝备荒示》；《道光紫阳县志》卷八《艺文志·示》。
⑤ 陈宏谋：《培远堂偶存稿》文檄二十《劝种甘薯示》。

为番薯具有其他粮食作物不可替代的优点："山田皆可种。"①

而且"可鲜食，尤宜熟食，或蒸或煮，或切丝或磨粉，可充米谷"，"其味清甜如蓣芋之类"，"叶如露葵，当园蔬"②，"生食解渴"，"可制糕"，"可生可熟，可菹可羹，可为饼饵，可制团饴，可如瓠以丝，可如米以食，可连皮以造酒，可捣粉以调羹，可作脯以资粮，可晒片以积囤。味同梨枣，功并稻粱"③。

正如番薯传播之初，徐光启所总结的番薯有其"十三胜"④，陈世元所总结的番薯有其"八利"一样⑤，番薯的"胜"与"利"是非常宽泛的，被人以各种渠道传扬着。至清道光年间，有人在此基础上，用诗歌形式集中歌颂了番薯的优点：

---

① 《道光武宁县志》卷十二《土产·谷之属》。
② 《嘉庆漳州府志》卷六《物产志·谷之属》。
③ 《道光永安县志》卷九《物产志·麦属》。
④ 徐光启：《农政全书》卷二七《树艺》。
⑤ 陈世元：《金薯传习录》卷上。

甘薯实地宝，厥种来海航。

闽人始艺植，迁地罔弗良。

佳名锡玉枕，美品逾金瓤。

入唇波罗甘，搓手蔷薇香。

布种无定候，迟迷视雨旸。

一茎数十根，颗颗奉臂强。

一亩数十石，累累釜庾量。

瘠不避硗确，高可连岭冈。

棱畦篱落间，讵碍平田秧。

三时独省工，十倍偏利偿。

红既等渥赭，白亦如凝肪。

上祝翁媪噎，不分妇孺尝。

穷途一饱易，小户三餐常。

阴阳两交补，玉延（山药也）功颉颃。

所恨出近晚，未获逢岐皇。

酿酒待嘉客，合欢资壶觞。

屑粉持作饼，堆盘胜饧餭。

片片聂切之，檐曝乘朝阳。

珠粒簁钜细，冰箸截短长。

万条簇牙管，径寸森玉芒。

风久敲剥削，物多积穰穰。

贫居列盎瓮，富室盈包箱。

时时佐乏匮，岁岁储馑荒。

象形呼茹丝，表用称薯粮。①

……

诗人着力描写的番薯，生动地反映着一种社会的心态——人们对番薯喜爱的情绪。这是中国乃至世界饮食史上一个独特而又有意义的历史现象。

当然，过高估计番薯在明清的发展是不合适的，就如同过高估计玉米在明清的发展一样。因为据民国初年的统计：玉米播种面积0.97亿亩，番薯播种面积0.25亿亩，两种作物占粮食总播种面积13.6亿亩的7.6%。以明清农业生产水平估算，明清的玉米和番薯的数量不会多于此数，但过低也是不合适的。

因为玉米和番薯的引进和广泛种植，使得许多无

◀（清）袁耀 秋稔图

------

① 《道光紫阳县志》卷八《艺文志·诗》；陈仅：《劝民种苕备荒六十韵》。

法种植稻、麦的旱地和山地得到了充分的利用，而且玉米和番薯的单产比稻、麦高得多。有专家以清嘉庆十七年（1812）粮食产量估算，认为高产的玉米、番薯，可供养人口达五千一百九十多万。由于玉米、番薯的高产，促成了清代整个粮食作物单位面积产量提高，使每人平均占有的粮食增加了29.07市斤，占平均每人占有粮食总供给数90.32市斤的32.30%。[①]

我们从这个角度观察，认为玉米和番薯的推广，不仅扩大了粮食种植面积，也增加了全国的粮食产量。有一研究结果表明：清代仅湖南、湖北玉米和番薯的推广，就增加了一千一百五十万石左右的可食之粮，在很大程度上改善了人们的饮食结构，大大舒缓了两湖人口的粮食压力，从而使明清饮食生活的历史，掀开了新的一页。[②]

---

① 吴慧：《中国历代粮食亩产研究》，第192—193页，农业出版社，1985。
② 龚胜生：《清代两湖地区的玉米和甘薯》，载《中国农史》，1993（3）。

副
食

农业的资本主义萌芽的发生，使商业性农业成为普遍现象。大、中城市的郊区出现了蔬菜专业产地，某些地区变成了水果种植专业区域，相当多的农村出现了副食品作物的种植和加工业，特别是原属于农村家庭副业的鱼类、家畜、家禽的饲养，从农业生产体系中分离出来，转向了专业性的商品户（笔者查阅明清笔记小说，发现此类现象俯拾皆是，尤以东南沿海为甚。参见傅衣凌：《明清时代的农业资本主义萌芽问题论文集》；《明末清初江南及东南沿海地区"富农经营"的初步考察》，厦门大学学报，1957（1）等有关论文），从而使明清肉食水平迈上了一个新的台阶。

总之，鸟瞰明清广袤的大地，水塘星罗，果林绵延，蔬菜茂密，猪鸭成群……举凡农业的所有方面，都有着突破旧有传统的表现，尤其是玉米、番薯、豆薯、马铃薯、木薯、南瓜、花生、向日葵、辣椒、番茄、菜豆、菠萝、番荔枝、番石榴、烟草等二十多种原生在美洲的作物的引进，对改变明清人民的饮食结构起到了巨大的影响和推动作用。或可称为无异于欧洲在工业革命之前所进行的"农业革命"的气派。（薛国中：《16至18世纪的中国农业革命》，载《武汉大学学报》，1990［2］）

蔬菜

明清时期的蔬菜种植步入较为正规的阶段，那就是随着城市人口激增、商业发达，在城市的周围涌现出大量的而不是稀疏的农民和商贩，专门从事蔬菜种植和出售，以供应城市日常生活需要，他们所处的地区多离城市较近，是为城市的蔬菜专业区。明代南京城东的湖孰村，有一沦落王孙"一家生计只三人，终岁把锄菜畦里"[1]。

清代昆山县东门外，则有一老农在此终生种植瓜茄蔬菜。[2] 也有在城市中种菜的：苏州开元寺前，盘门以内的居住人家，大多数是以蔬圃为业。[3] 还有住

---

① 钱澄之：《湖孰种菜歌》，《明诗纪事》卷第十。

② 唐英：《古柏堂戏曲集·梁上恨》第七出《警众》。

③ 俞樾：《右台仙馆笔记》卷八。

在城中贩卖青菜为生，每日五鼓时分，便起身出城赴菜园贩菜来城里赴早市①。更多的则是如明成化年间的苏州吴江县庞山村，每天晨钟初静时，青壮劳力甚至幼童老叟，一个接着一个，挑着满载蔬菜的担子，有数百担之多，入城变卖。②

所以，明代作家陈铎在其《滑稽余韵》专写了一首《园户》——

通渠灌圃随时序，分畦引架勤培瓠。呈新献嫩依豪富，寻僧觅道供斋素。人能咬菜根，百事堪为做，诸公近日憎粱肉。

"园户"作为明代三百六十行中的一行，已不可缺失。清代的北京自嘉庆年间起，蔬菜业则成为一个独立的行业，历经数十年而日盛，堂而皇之地跻身于

<hr>

① 二如亭主人：《绿牡丹》，第十六回，上海古籍出版社，1993年版。
② 《弘治吴江志》卷二《市镇》。

▲（明）沈周 种蔬图

▲（清）佚名 赶集 外销画

工商业之中。[1]

蔬菜的专业化和商业化，促使了食用者日众，要求日益多方面。明代剧作家就刻画了一位想吃各种菜的人物形象——

---

[1] 李华：《明清以来北京工商会馆碑刻选编》，三三，文物出版社，1980年版。

▲（清）佚名 化菜蔬和尚 外销画

　　一个海菜，一个山菜，一个水菜，一个天菜，
一个地菜，一个人菜，一个热菜，一个湿菜，一个
干菜，一个细菜，一个短菜……①

―――――――――

① 陆采：《明珠记》第二三出《巡陵》。

他要吃的菜不一定完全是植物性的，但有一点是可以肯定的，他能把菜分成这样多的种类，足可以反映出明代人民食用蔬菜的广泛性和迫切性。

因此我们就明白了一个清代小说家为什么描写了一贫苦农民将辛苦积攒下来的钱置下的田地，不种五谷，却去做菜园。他以菜为生，"前后百余年，竟富有良田万顷"①。

文学是时代的镜子，我们从中可以看出蔬菜在明清是多么吸引着人们竞相奔趋。像清代浙西南浔大镇，那里所辖十二个村庄的农民，被人称为"近市之黠农"，他们专务时鲜蔬瓜逢时售食，其缘盖出于"利市三倍"②。清代广东番禺县城东北一带的居民多经营菜圃，近城市的各乡之田，更是都种蔬菜，就是为了取其得利捷速。③

在社会上层，对蔬菜生产和食用也体现出一种崭

---

① 李汝珍：《镜花缘》，第六四回，人民文学出版社，1979年版。

② 温鼎：《见闻偶录》，《南浔志》卷三十。

③ 《番禺县续志》卷十二《实业》。

新的风貌。明永乐年间新繁知县胡侯，在居处后圃种了几亩萝卜，他是想使往来的客人采摘以供盘飣，或者用它作为馈赠礼物。而见识短浅的人却讥笑他，称他为"菜知县"。① 这条记载可以使我们看到：一县之长也要在自己的后圃种植几亩萝卜，而且把它作为尊贵之物让往来客人采摘，又作礼物送人。无非因为萝卜具有"甘脆真堪尚，宜烹玉叶羹，善解梨花酿"的滋味。②

无独有偶，清代亦有这样一位"蔬菜官吏"，那就是历官楚、皖，政声颇佳的冯柯堂，他在安徽做官时，在官邸后园种上蔬菜，有人称赞为"菜根香"，并题楹帖，其中一句是"为恤民艰看菜色"③。而有的官员在京师为官时，便"取菜根有味""以蔬香名园"。后归故里，则在居处尽取隙地，自携锄种植瓜菜。认为"士大夫不可一日不知此味"。④

在明清士大夫观念中，蔬菜是享有很高声誉的。

① 赵弼：《效颦集》卷上。
② 冯惟敏：《海浮山堂词稿》卷二《清江引二十首·东村作》。
③ 陆以湉：《冷庐杂识》卷二《冯中丞》。
④ 高士奇：《江邨草堂记》卷四三《蔬香园》。

▲（清）禹之鼎 南宅灌蔬图（局部）

明代著名文士唐伯虎曾说："菜之味兮不可轻，人无此味将何行？"① 还有士大夫提出："晚菘早韭，足了一生。"② 这一观念和人民群众赖蔬菜度日的观念有异曲同工之妙，"农民辛苦食无粟，艺菜正欲充糇粮"③。此言并非夸大，明清广大劳动人民是将许多蔬菜来当作粮食的，像明代传入中国的马铃薯，在清代的县志就记作："可当粮，故附于谷。"④

蔬菜在饮食生活中所占的重要位置，使蔬菜种植一派兴旺。明代仅江苏一地的蔬菜品种就有各式各样：南京的蕹菜，常熟的胡萝卜，嘉定的香芋，杭州最补益人的芡，娄县的菱，高邮、宝应的莲房……这些蔬菜还远销各地，那色红嫩而味甘美的荸荠，以吴中最盛，可作为珍品远销京城，像生长在江岸的藜蒿，也由九江诸处采摘，用可装数百石粮食那样大的船装上，贩运远方……⑤

---

① 唐仲冕：《六如居士外集·诗话》。
② 张陛：《引胜小约·订品》。
③ 危素：《种菜为霜雪所杀叹》，《全明诗》卷二十。
④《乾隆永福县志》卷一《物产·谷》。
⑤ 王世懋：《学圃杂蔬·蔬疏》。

特别是清代江南那与麦子种植相半的油菜花，每当春暮，则麦陇绣碧，菜畦铺金；广陌平原，烂漫如锦，成为他处所无的一种田间春色。[1]正是"色粲金绳谁布地，光连莺羽欲浮天"。[2]

当然，这也是由于江苏地处长江流域，全年皆系"农耕期"，各种蔬菜在该地区更为繁茂。仅清代上海一县所产蔬菜就有——

白菜、油菜、塌科菜、芥菜、银丝芥、雪里蕻、荠菜、菠菜、苋菜、甜菜、罗汉菜、蓊菜、诸葛菜、马兰、金花菜、芹、韭、葱、蒜、芫荽、芦菔、葫芦菔、茄子、茭白、芋、竹笋、豆芽、王瓜、生瓜、冬瓜、南瓜、丝瓜、葫芦、苦瓜。[3]

辣椒、大头菜、马铃薯、劈兰、黄蒜菜、卷心菜、生菜、苦菜、荷花头、香菜、菊花菜。[4]其中细叶丛生、大至百瓣的罗汉菜，腌好，杂青果装在瓶中

---

① 袁晋：《同金岂凡丰塘看菜花》，《全清散曲》卷上。
② 朱鹤龄：《愚庵小集》卷五《咏菜花》。
③《同治上海县志》卷八《物产》。
④《民国上海县续志》卷八《物产》。

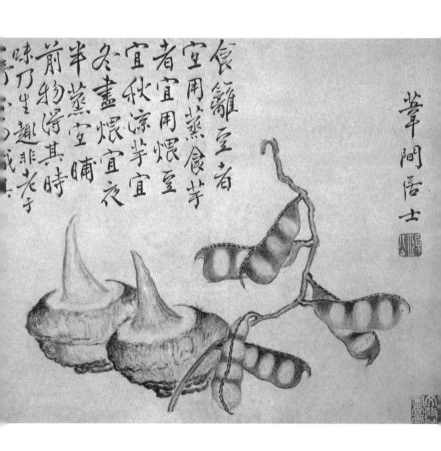

▲（清）边寿民 芋苏荚豆图

▲（清）董棨 菱芡莲藕出西湖

赠送远客。①

　　明清江南人民还不断拓展着蔬菜食用的领域。以
莼菜的食用为例，在明万历以前，江南人民还很少采
食莼菜。②清人则明确记录"太湖采莼，自明万历间
邹舜五始"，当时张君度为此画了《采莼图》，陈仲
醇、葛震甫诸名士并有题句，一时传为佳话。③

　　明万历以后，许多文士继承了前代文豪雅贤称
道莼菜的传统，创作了数量可观的颂扬莼菜的诗词文
赋，其中以袁宏道为最，在他看来西湖的莼菜在驰名
的诸美食中尤美，特别是"浸湘湖一宿"最佳，其味
香粹滑柔，略如鱼髓蟹脂，但清轻远胜，比荔枝还娇
脆。"唯花中之兰，果中之杨梅，可异类作配耳。"④

　　至清初朱彝尊还"忆湘湖"莼菜而称赞它"白银

---

① 毛祥麟：《墨余录》卷一《土产》。
② 江南莼菜，最早见于《周礼》，自晋张翰思念家乡"莼羹"
　 故事后，莼菜止限诗人吟咏。明万历后采食莼菜记述渐多。
　 参见沈啸梅、叶瑞金：《苏州水生蔬菜史略》，载《中国农
　 史》，1982（2）。
③ 王应奎：《柳南随笔》卷二《莼官》。
④《袁宏道集笺校》卷十《游记·湘湖》。

钗股同滑"①。还有"喜滑比琼酥，香凝玉箸，羊酪可奴视"②，"酥浆极斗"③，"论俊味又何待香鲈"④。诗词

---

① 朱彝尊：《曝书亭词》，《摸鱼儿·莼》。
② 毛奇龄：《毛翰林词》，《摸鱼儿·莼》。
③ 李良年：《秋锦山房词》，《摸鱼儿·莼》。
④ 李符：《耒边词》，《摸鱼儿·莼》。

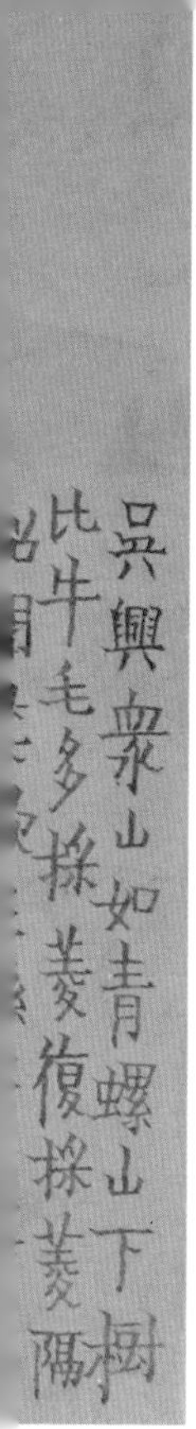

吴兴众山如青螺
山下树
比牛毛多採菱復採菱
隔浦……

现象是人们赏识莼菜营养价值的一种反映。明清江南
于春、秋之际宴客必荐莼菜[1]，也对此作出了令人信服
的注释。此时的太湖流域，已是家家食用莼菜。[2]

① 梁绍壬：《两般秋雨庵随笔》卷八《莼菜》。
②《乾隆苏州府志》卷十二《物产》。

▲（清）董棨 初春韭芽

　　据清《杭州府志》：韭菜初出时，十余钱才能买数十茎

　　此外，苏州莲藕与菱角也在明清之际驰名，像出于阊门南塘的莲藕，因甘嫩白脆，远近争购。[①] 菱角则处处皆有，有白、红[②]、青、乌、两角、四角之别[③]。一到七八月间，菱船往来河中叫卖，有采买整艇菱角的。[④]

　　倘若仅从江南还不足以表明明清的蔬菜整体水平的话，还可以从明清的蔬菜品种上去观察。明代王象晋的《群芳谱》收录51种蔬菜，如果按现代蔬菜学的标准划分[⑤]，《群芳谱》中的蔬菜基本可划为叶菜、茄果、瓜、豆、根菜、葱、蒜这样几大种类，其中包括白菜、甘蓝、菠菜、蕹菜、苋菜、芹菜、番茄、茄子、辣椒、黄瓜、冬瓜、菜瓜、豇豆、刀豆、萝卜、胡萝卜、根芥菜、韭菜、大葱、大蒜等。种类不可谓不丰富，以至来自西方的学者利玛窦由衷地惊叹道：中国食用蔬菜的数量，要比欧洲通常食用的数量多

① 陈其弟：《姑苏小志》，广陵书社本。
②《嘉庆黎里志》卷四《物产》。
③ 庞鸿文：《海虞物产志》，光绪三十一年本。
④ 顾禄：《桐桥倚棹录》卷十二。
⑤ 参见中国农业科学院：《中国蔬菜优良品种》，此书列举我国各地蔬菜优良品种五十种。

▲（清）汪承霈 花卉杂蔬十二开（局部）

得多。①

　　进入清代，大量的流人络绎于塞外②，其中不乏"有携瓜、菜子去者，种亦间生"③。有的地方由于流人迁居，"瓜蓏、蔬菜皆以中土之法治之，其获且信"④。甚至偏远寒冷的齐齐哈尔也大量种植了芹菜、芥菜、白菜、韭菜、菠菜、生菜、芫荽、茄子、萝卜、倭瓜、秦椒、大葱、大蒜，其中黄瓜长近二尺，这些菜都可以在四月以后上市。⑤

　　蔬菜的广泛种植，使已经丰富的蔬菜种类更加丰富，《群芳谱》已不能涵盖后来出现的许许多多蔬菜种类了。清康熙四十七年（1708），汪灏等人在《群芳谱》的基础上，又编《广群芳谱》，记录了一百余种蔬菜，它们分为9个种类。

---

① 利玛窦：《中国札记》第一卷，第三章，中华书局，1983年版。

② 据李兴盛《东北流人史》所载："清代东北流人估计总数在150万以上。"

③ 周亮工：《赖古堂集》卷十《将移塞外先寄龙眠公暨诸同人》。

④ 张缙彦：《域外集·宁古物产论》。

⑤ 西清：《黑龙江外记》卷八。

一类是"辛荤类"，包括：姜、椒、茴香、韭、葱、蒜、薤、芫荽。

一类是"园蔬类"，包括：苜蓿、蔓菁、茼蒿、蒌蒿、白菜、芥、菠菜、苋、葵、生菜、苦菜、甜菜、蕹菜、芸苔菜、㷊菜。

一类是"水蔬类"，包括：莼、芹、紫菜、龙须菜、鹿角菜。

一类是"食根类"，包括：山药、芋、甘薯、萝卜、蒿苣。

一类是"食实类"，包括：菜瓜、稍瓜、黄瓜、南瓜、丝瓜、冬瓜、壶芦、茄子、缅茄。

一类是"菌属类"，包括：土菌、木耳、地耳。

其中"野蔬类""奇蔬类""杂蔬类"，严格讲还不能归为蔬菜，如"奇蔬类"是随便抄古书，有的字刻错，有的抄错，有的则划分不够准确，如蒿苣分叶用、茎用两类，不是根菜类。可《广群芳谱》把它划入"食根类"。但是，《广群芳谱》毕竟比《群芳谱》又进了一步。

清乾隆三十年（1765），赵学敏继李时珍《本草纲目》未收录之蔬菜，同时弥补《广群芳谱》之遗漏，又"拾遗"了十余种可食蔬菜，它们是鬼芋、辣茄、地肾、天茄、酱茄、节瓜、川姜、刺儿菜、葛仙米、黄矮菜、麒麟菜、干冬菜等。①

以上蔬菜种类，并不完全是明清时代才有的，有许多早在明清之前就有了。有的是明清时期获得较大发展的，如"豆芽菜"，在宋代，黄豆、绿豆发芽之菜，作为正式蔬菜上市，但在很大程度上多用于祭祀活动。②

到了明代，《便民图纂》中有了如何发"豆芽菜"的记录："捡绿豆，水浸一宿。候涨，以新水淘，控干，用芦席洒湿衬地，掺豆于上，以湿草荐覆之，其芽自长。"《便民图纂》是一本以人民日用饮食生活为主旨的"便民"书籍，书中专设"绿豆芽菜"一条，表明了"豆芽菜"的食用已比较广泛。事实上，城市中也有了以专门出售"豆芽菜"为生的小商贩。③"豆芽菜"之所以在明代有其市场，主要是它

---

① 赵学敏：《本草纲目拾遗》卷八《诸蔬部》。
② 孟元老：《东京梦华录》卷八；陈元靓：《岁时广记》卷二六；林洪：《山家清供》所载"鹅黄豆生"。
③ 许浩：《复斋日记》卷上。

无土便可栽培，能补蔬菜短缺时之需。

还有以内裹黄芽得名的大白菜，在明以前尚未见到这种"黄芽菜"的普通记录。[①] 在明代中期的地方志和笔记中，"黄芽菜"才渐渐零星登场。[②] 在寒冷的冬天，人们根据"阳生气聚，得暖而甲坼"的原理，对"黄芽菜"覆上土，使它"状如环，色如肪"，以备无菜季节食用，以至在明代的北京，人们崇尚"菜以黄芽为绝品"[③]。

清代的"黄芽菜"，在北京城已是"天街唤买，车载肩担"[④]。这显然是由于"黄芽菜"自秋到冬，可充人们日常主要食用的蔬菜的缘故。从"黄芽菜"的各种制法和吃法便可领略一斑。如在塞北，人们在秋末便将"黄芽菜"用盐水浸泡，贮在瓮中留供冬春之需，这便是"调羹颇佳"的"酸菜"。[⑤]

──────────

① 仅有像南宋《临安志》中所记的那种在冬天"取巨菜，覆以草，积久而去其腐叶，黄白纤莹，故名"的"黄芽菜"。
② 《嘉靖河间府志》卷七《土产》；王世懋：《学圃杂疏·蔬疏》；王象晋：《群芳谱》二《蔬谱·白菜》。
③ 史玄：《旧京遗事》，《双肇楼丛书》。
④ 冯金伯：《词苑萃编》卷十八《咏黄芽菜词》。
⑤ 徐宗亮：《黑龙江述略》卷六《丛录》。

南方则多像杭州人那样在每棵"黄芽菜"心内加一二粒花椒，少许入缸钵，上用石压，外加水浸一日，即脆美可用。"或炒鸡作配"，"醋搂之"，"烧"，"煨羊肉"，"蜜饯"，"腌"，"酱"等法，共有12种之多。①

由此可见清代的蔬菜较之明代蔬菜有着长足的发展。甚至清代的北京，在二月份时椿芽、椒头也可入市，而且黄瓜、茄子入市，不算稀有。②但是若在饭店吃黄瓜一味就得五六两银子。③明代北京温室产的蔬菜价钱也是相当昂贵，一枚黄瓜竟索价五十金。④然而它毕竟是在凛冽的寒风中，"穴地煴火而种植"，使隆冬时节，蔬果的品种都具备了⑤，这是明代温室蔬菜种植历史性的进步。

如果和现今我国栽培的二百余种的蔬菜种类比

---

① 童岳荐：《调鼎集》卷七《蔬菜部·黄芽菜》。
② 阮葵生：《茶余客话》卷九《非时菜果》。
③ 黄濬：《花随人圣庵摭忆》，上海古籍书店影印本，1983年版。
④ 查慎行：《人海记》，《正觉楼丛刻》。
⑤ 杨士聪：《玉堂荟记》卷下。

较就可以看出，^①蔬菜的大部分种类在明清已基本齐全。尤其是直接或间接从欧洲、美洲传来的蔬菜，在明清有着较大的发展，如辣椒，自明代海外贸易传入中国以来，^②至清代已"处处有之"，江西、湖南、贵州、四川等省"种以为蔬"，"每味必偕"。^③还有番茄、南瓜、马铃薯、菜豆、甘蓝等蔬菜^④，自海外传来，以今天蔬菜专家的眼光审视，明清时期蔬菜种类可统计为十三大类：

白菜类、芥菜类、甘蓝类、根菜类、绿叶菜类、葱蒜类、瓜类、茄果类、豆类、薯蓣类、水生蔬菜、多年生蔬菜、食用菌类。^⑤

这十三大类蔬菜，有的可归于杂粮类、野菜类。

---

① 中国农业科学院：《中国蔬菜栽培学·我国的蔬菜种类》，中国农业出版社，2010 年版。
② 聂凤乔：《蔬食斋随笔》，第一集《辣椒的哲理》，中国商业出版社，1983 年版。
③ 吴其濬：《植物名实图考》卷六《辣椒》。
④ 章厚朴：《中国的蔬菜》三《从外域引进的蔬菜》，人民出版社，1988 年版。
⑤ 陆子豪：《中国蔬菜生产的历史演变》，载《中国蔬菜》，1990（1）。

但从整个蔬菜发展历史而言，这十三大类蔬菜反映出了在明清时期，中国蔬菜种类构成已基本定型。

水果

将蔬菜的情况再衡量于明清的水果，也大致是这个样子。明正德年间，一位来自遥远的阿拉伯国家的友人曾深有感慨地说："在中国有三件东西只有天堂才能找到与其比美的物品。"[①] 其中一件就是又大又圆又甜的蜜枣，他认为中国的蜜枣任何国家产的都比不上。从他的口中还得知中国人把这种枣带到世界各地作为礼物赠送朋友。

若证之顾起元所记的那种枣，"姚坊门枣，长可二寸许，肤赤如血，或青黄与朱错，驳荦可爱，瓠白逾珂雪，味甘于蜜，实脆而松，堕地辄碎"[②]。我们可以得出这样一个结论：在元代质量和品种就已经十

[①] 阿里·阿克巴尔：《中国纪行》第二一章，生活·读书·新知三联书店，1988 年版。

[②] 顾起元：《客座赘语》卷一《珍物》。

▲（清）乾隆冬青洋彩瓜瓞绵绵瓶

分优良、丰富的枣子①，发展到了明代，享有世界盛誉，已十分自然。

至清代，山东东昌府的胶枣、牙枣，在冬天就被商人计算其木，夏天相其果实论价，然后货于四方。②这里的熏枣，每包有百斤，堆在河岸像山岭，待粮船回空，售以实仓。③而河北河间竟成了出售枣子的集散地。北用车运供应北京，南随漕舶贩鬻诸省，当地人以枣子为职业。④

明清高质量的水果不仅限于枣子，还有许多其他优良品种。如福州有一种梨十月方熟，一颗重达二斤，"甘酥融液，不可名状"⑤。明末清初的历史家谈迁在其著作中也有对这种"福州梨"的描述⑥，足见此梨在明清脍炙人口的程度。

而类似此梨者，又不止于福州。明弘治十八年

---

① 元代柳贯：《打枣谱》中收有71种枣子。明代枣子品种大致如是。参见李时珍《本草纲目》枣子记录。
②《嘉靖山东通志》卷八《物产》。
③ 王培荀：《乡园忆旧录》卷三。
④ 纪昀：《阅微草堂笔记》卷十三《槐西杂志·三》。
⑤ 谢肇淛：《五杂俎》卷十一《物部·三》。
⑥ 谈迁：《北游录》《纪闻·上》三十六。

（1505）进士陆深，系上海人。他的家乡就有"斤九厘"的谚语，用来形容"时人之精慧者"。其谚语本源是河南、江西所产的梨非常大，有至一斤九两，所以，当地人唤作"斤九梨"，寄寓着"取类之大者"之意。[①] 一种地方所产的梨衍化成为民言俗语，明代水果发展的深度便可领略。

在偏远山区，水果珍品也不断涌现。徐霞客远足粤西时，发现了一种柑子，它像香橼，瓤白皮不厚，片剖食用，瓤与皮俱甘香，这是异于众柑的。[②] 徐霞客见识是很广博的，但他在云南悉檀寺时，所见水果也都是"异品"，像"海棠子"等水果，都是从来没见过的。[③]

透过徐霞客的眼睛，我们不难想见明代水果之盛。而最能反映时代动向的小说就更呈现出了这样的一片使人眼花缭乱的水果景象：

---

① 陆深：《豫章漫抄摘录》，《纪录汇编》。
② 《徐霞客游记》卷四《粤西游日记·三》。
③ 《徐霞客游记》卷七《滇游日记·六》。

▲（明）周之冕
榴实双鸡图

金九珠弹,红绽黄肥。金九珠弹腊樱桃,色真甘美;红绽黄肥熟梅子,味果香酸。鲜龙眼,肉甜皮薄;火荔枝,核小瓤红。林檎碧实连枝献,枇杷缃苞带叶擎。兔头梨子鸡心枣,消渴除烦更解酲。香桃烂杏,美甘甘似玉液琼浆;脆李杨梅,酸荫荫如脂酥膏酪。红瓤黑子熟西瓜,四瓣黄皮大柿子。石榴裂破,丹砂粒现火晶珠;芋栗剖开,坚硬肉团金玛瑙。胡桃银杏可传茶,椰子葡萄能做酒。榛松榧柰满盘盛,橘蔗柑橙盈案摆。①

这样多,这样好吃又有营养的水果,的确不是小说家随意杜撰,而是客观的存在。丰富的水果使水果分类已十分必要。李时珍便将可食用的水果归纳为127

---

① 吴承恩:《西游记》第一回,人民文学出版社,1980年版。

▲（明）周之冕 枇杷珍禽图

个品种，其中包括有野生种，以及药用植物和草本植物，还有水生蔬菜和香辛"味果"。

这一范围相当宽泛，但究其纯粹的"水果"，主要有"五果""山果""夷果""蓏"，概而言之是：李、杏、梅、桃、栗、枣、梨、木瓜、山楂、庵罗果、奈、林檎、安石榴、橘、柑、橙、柚、枸橼、枇杷、樱桃、胡桃、榛、荔枝、龙眼、橄榄、槟榔、椰子、波罗蜜、无花果、沙棠果、甜瓜、西瓜、葡萄、甘蔗等。

这些水果，基本延续了明代以前的水果品

种。李时珍又有所拾遗增添，使水果的形态分类更加完备。[1] 如"五果""山果"主要为温带果树，"夷果"主要为热带和亚热带果树，"蓏果"为浆果类。[2]

此后，未见水果品种的增加，王象晋的《群芳谱》只是除却已有的"蓏果"和"泽果"，又将水果分为"核果""肤果""壳果"三种类别。而清代汪灏等人的《广群芳谱》，则在《本草纲目》《群芳谱》基础上，又增加水果品种至一百三十余种。[3] 吴其濬亦记录了一百一十余种。[4]

明清水果的丰富大大超越了前代，尤为江南，水果遍布各县，既多且繁，较为普遍的品种是：西瓜、甜瓜[5]、枇杷、杨梅、李、柰、郁李、嘉庆子、花红、无花果、石榴、真柑、绿橘、蜜橘、平橘、塘南橘、

---

[1] 李时珍：《本草纲目·果部》第二九卷、三十卷、三一卷、三三卷。

[2] 孙云蔚：《中国果树史与果树资源》，上海科学技术出版社，1983 年版。

[3] 汪灏：《广群芳谱》卷五四《果谱·一》至卷六七《果谱·十四》。

[4] 吴其濬：《植物名实图考》第三一卷、第三二卷《果类》；吴其濬：《植物名实图考长编》第十五卷至第十七卷《果类》。

[5] 《光绪青浦县志》卷二《土产》。

朱橘、扁橘、金柑、漆碟红、橙、香橼、柚、核桃、葡萄、枣、柿、银杏、栗、杏、樱桃、碧桃、绯桃、金桃、银桃、水蜜桃、灰桃、杨桃、十月桃、李光桃、寿星桃、扁桃、蜜梨、林梨、张公梨、白梨、消梨、乔梨、鹅梨、大柄梨、金花梨、太师梨……①

水果中较为突出的是荔枝，明清荔枝仍和宋元一样主要产于闽、蜀、粤等地，但无论规模还是种类均胜于宋元，特别是福建。这里的一地一堂就非常壮观：

司中地的荔枝树高二三丈，阴森蔽天。果熟，色泽如脂，与绿叶相映，十分艳丽。其肉莹白，而臭味的更香美，是诸果不及的。②

方伯堂前，有荔数树，高达数丈，绿荫幕地，红实累累下坠，它白瓢满如煮鸡蛋，香沁齿颊。③

应该说经过千百年进化的荔枝，在明清大多数

---

① 《乾隆吴江县志》卷二三《物产》。
② 张瀚：《松窗梦语》二《南游记》。
③ 徐昆：《遁斋偶笔》卷上《荔枝》。

又经过了人工的选择和培育，变异累加，青出于蓝。福建泉州的"陈家紫"就大如茶钟，而且无核①，更适合人的口味。明代一官员，晚年就垂涎荔枝，甚至"愿贬枫亭驿，甘作驿丞卑。妄意荔熟日，端坐饱噉之"。实在不成，也愿去民间荔枝园，"自题荔仙人，不羡加太师"②。从他这种举动，可领略到明清那"古今植果，其明艳可口，无过荔枝"的热烈推崇之风了。③

　　明清的荔枝繁多，各地名称不一。④ 总起来看，明代福建荔枝有八十五种之多。⑤ 清代广东的荔枝多达一百余种。⑥ 荔枝有这样多的品种，正应了清人林嗣环的一句话："可惜汉和帝、唐贵妃口中未曾吃一

---

① 林昌彝：《海天琴思录》卷二。
② 宋钰：《读金陵俞仲髦荔枝辞戏作五十四韵》，《明诗纪事》卷七。
③ 吴载鳌：《记荔枝》，《说郛续》卷四十一。
④ 邓道协：《荔枝谱》，《说郛续》卷四十一。
⑤ 明代徐𤊹《荔枝谱》卷上记福建福州荔品41个，兴化荔品25个，泉州荔品21个，漳州荔品13个，共计100种。但其中有同一品种分布不同地方，或一荔品有两名，实为85种之多。
⑥ 吴应逵：《岭南荔枝谱》卷四《品类》。

好荔也。"[①]

如林嗣环所言，明清时的荔枝，其所含营养价值，已被人们发掘得淋漓尽致，充分享用。尤其盛夏时，乘晓入林中，带露摘下。浸以冷泉，则壳脆肉寒，色香味俱不变，嚼之消如绛雪，甘若醍醐，沁心入脾，蠲渴补髓。吃可至数百颗，或畏其饱，点盐少许，饱感即消。[②]

人们还想出吃荔枝新法："岭南好事作荔枝，酝头取荔枝肉，榨之入酥酪，辛辣以合酱。又作签肉，以荔枝肉作柳子花，与酥酪同炒，土人大嗜之。"[③] 嗜荔枝在广东已成一种社会崇尚的风习——

问园亭之美，则举荔枝以对，家有荔枝千株，其人与万户侯等。故凡近水则种水枝，近山则种山枝。有荔枝之家，是谓大室。当熟时，东家夸三月之青，西家矜四月之红。各以其先熟及美种为尚。主人

---

① 林嗣环:《荔枝话》,《檀几丛书》初集。
② 徐燉:《荔枝谱》卷下《三之啖》。
③ 宋钰:《荔枝谱·荔酒第五》。

▲（明）朱瞻基 鼠吃荔枝图

饷客，听客自摘。或一客而分一株，或一株而分十客，各以其量大小，受荔枝之补益，莫不枕席丹肤，沐浴琼液，既饱复含，未饥先擘，或辟谷者经旬，或却荤者连日。其有开荔社之家，人人竞赴，以食多者为胜，胜称荔枝状头。[①]

这如闽中所产荔枝情形一样：一年产出不知千万亿，水浮陆转，贩卖南北，以至"外而西域、新罗、日本、琉球、大食之属，莫不爱好，重利以酬之。"[②] 荔枝已成为国内人们非常普遍食用、国外人非常喜欢的水果了。

南方较为大宗的水果还有橘子。明代陆容认为：江苏的洞庭山，人以种橘为业，亦不留恶木，此可观民俗。[③] 有一樊江陈氏，辟地为果园。树橘百株，青不摘，酸不摘。不树上红不摘，不霜不摘，不连蒂剪不摘，故其所摘，橘皮宽而绽，色黄而深，瓤坚而

① 屈大均：《广东新语》卷二五《木语》。
② 徐光启：《农政全书》卷二七《树艺》。
③ 陆容：《菽园杂记》卷十三。

▲〔清〕佚名 称荔枝 外销画

脆，筋解而脱，味甜而鲜。有如此好的质量，买者宁肯晚一点、贵一点、少一点，也来买陈氏的橘子。陈氏依靠着百株橘树，一年便可获"绢百匹"的大利。[①] 至于一般生活无着者也往往向远亲借些本钱，贩几担橙橘，"营运过活"。[②]

明成化年间，苏州府长州县的文若虚，只有一两银子。他看到满街上篚篮内盛着卖的红如喷火、巨若悬星、皮未皱、尚有余酸、霜未降、不可多得的"洞庭红"橘子，便买了一百多斤，装上了船，驶往海外一国，以一个橘子一个银钱的价格叫卖，顷刻而光。最后的 52 个，以 156 个含金量最高的"水草银钱"成交，文若虚因贩橘子陡然而富。[③]

这条史料，使我们较为真切感受到了明代水果在国外以其优良质量受到热烈欢迎的逼真场面。而明代国内皮细味美的橘子价格，若真柑一种，一颗也达百

---

① 张岱：《陶庵梦忆》卷五《樊江陈氏橘》。
② 冯梦龙：《醒世恒言》，卷七，人民文学出版社，1984 年版。
③ 凌濛初：《二刻拍案惊奇》，卷一，上海古籍出版社，1982 年版。

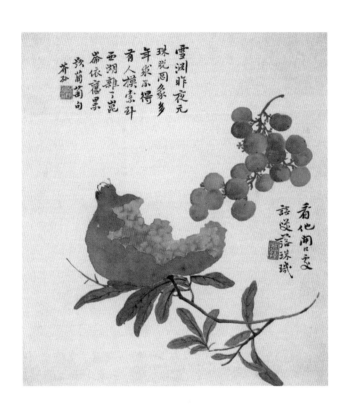

雪渊昨夜元
珠脱晛象多
年来示得
昔人摸索斜
西湖雜□昆
龕依舊景
殘葡萄句
芥和

看他開□元文
話皮蒂珠球

▲（清）倪耘 石榴葡萄图

钱。① 水果利大，必然促使着全国各地都热衷于种植水果，山东培育出了许多佳果品种，如沙果、花红、桃、李、柿、栗，皆为一时之秀，青州的苹婆、濮州花谢，其甜可以和吴下杨梅媲美。② 这样的"北果"，还被移植到了南方。③

所以有人认为北方的水果品种多于南方，尤其是枣、梨、杏、桃、苹果诸果，以甘香脆美取胜于他品，所少于江南的，唯杨梅柑橘。而北方又自有榛、栗、松榧等，韵味与它们不相上下。特别是北京地区，葡萄、石榴，已是人家篱落间物。④ 而且北京董四墓桃、魏六工巨李、磐石礔儿李、花梨、翠屏山榛、栗、北山苹果、马乳葡萄等有甲于天下的声誉。⑤

有人曾这样称赞北京的诸鲜果："诡谲苹婆，香数来禽，马乳晶盘同色。朱李银桃，费纤手，几番亲

---

① 王鏊：《震泽编》卷三《土产》。
② 谢肇淛：《五杂俎》卷十一《物部·三》。
③ 顾起元：《客座赘语》卷九《果木移植》。
④ 史玄：《旧京遗事》，《双肇楼丛书》。
⑤ 继昌：《行素斋杂记》卷上。

拭，珍惜。觉冷似琼浆，美逾崖蜜。"①的确，在北京
上市的各种水果除个别品种从外地贩运而来，大多数
是北方生长的：

四月，那带把的甜樱桃，熟烂、酸了包换的
杏儿。

五月，甘蔗味来，旱秸儿来，白沙蜜的好吃来
甜瓜、另个味呀，旱香瓜儿。

六月，一个钱来大西瓜、一汪水的大蜜桃、鲜菱
角、熟海棠。

七月，藕芽嫩的鸭梨呀哎、虎拉槟的闻香果、大
苹果、脆瓤儿的落花生、干葡萄、脆枣儿、赛过木瓜
的鸭广梨、蜜节梨。

八月，咸核桃、咸栗子、南瓜大的柿子……②

南方与北方比较，水果品种出类拔萃的是不弱
于北方的。如明代萧山"三绝"，有"二绝"为肉松
而核特小的杨梅，大倍他产的樱桃。③上海顾氏露香

---

① 吴炯：《燕山亭》中"夏日忆北地诸果"。
② 闲园鞠农：《燕市货声》，《京津风土丛书》。
③ 叶权：《贤博编》，中华书局，1987年版。

卖葡萄

卖西瓜

卖杏

卖枣

▲（清）佚名 街边的各色果品 外销画

园的水蜜桃久负盛名[①]，可称为"天下第一"，它不太大，色微黄，皮薄浆甜如蜜，入口即化，无一点酸味。[②]后又有卫氏"黄泥墙"，它皮薄像纸，瓤甜如饴，贵有小红圈，微带淡黄色，较之苹果贩自燕、齐，荔枝来于闽、广，有过之而无不及。[③]又如"涵村梅，后堡樱，东邨橘天王寺橙，杨梅早熟，枇杷再接，桃有四斛之号，梨著大柄之称"。[④]这些都是南方特有的水果之胜。

值得提及的是，明清边远地区的水果也非常茂盛，以新疆水果为著。新疆的桃、葡萄、梨、枣、苹果、林檎、樱桃俱极香美。桑葚大可径寸，色白如玉，味甘似蜜。冰苹果尤为异品，形如内地苹果，而莹然无滓，表里照彻如水晶，味香烈极甘。又有瓯桲，似山东木梨那么大，香如木瓜，蜜渍后，甘酸如山楂而香过之。[⑤]其中以哈密瓜最良，"六月争求节

---

① 褚华：《水蜜桃谱》，《上海掌故丛书》第一集。
② 毛祥麟：《墨余录》卷一《土产》。
③ 李维清：《上海乡土志》第二三课《黄泥墙》。
④ 《袁宏道集笺校》卷四《锦帆集·游记》。
⑤ 庄肇奎：《伊犁纪事》二十首《效竹枝体》。

暑瓜，剖开如蜜味堪夸"①。民间价钱也十分便宜。

明清水果食用较之以前时代更加深入的一个现象是：某一地区盛行的水果，在全国得到了普及。如槟榔，它历来为南方人为驱瘴而嚼食的药用性植物食物，明清时期则衍化成为一种代茶的咀嚼食物。明嘉靖年间进士黄传策就吟咏道："槟榔擘出斑斓片，灰白萎青当献茶。"②尤明代广东一地，"宾至不设茶，但呼槟榔，于聘物尤所重。士夫生儒，衣冠俨然，谒见长官长者，亦不辍咀嚼。舆台、皂隶、囚徒、厮养，伺候于官府之前者皆然"③。广东人中间的互相争斗，则以献槟榔化仇结。④

在广西，人们将咀嚼槟榔当成增娇送媚之物。"出行者必嚼槟榔，或大嚼则眉眼俱活，或细嚼则颊辅微涡，更有含于齿之外，唇之内，隐隐动荡，如鱼之吹沫，龙之弄珠。"而且"男女相调，以送槟榔为约。如男悦女，以整槟榔赠女，女以整者答之，彼

① 桐西漫士：《听雨闲谈》，上海古籍出版社，1983年版。
② 黄传策：《访客啜槟榔》，《明诗纪事》卷十。
③ 王济：《君子堂日洵手镜》，《说库》。
④ 赵古农：《槟榔谱·自序》。

此有意，其事谐矣；或答以破者，即拒之也"[1]。槟榔多方面的食用是人们对这一水果认识的深化。逐步地，食槟榔风蔓延全国，成为人们日常的嗜食品。

以北方大城市北京为例，人们所熟悉的王渔洋的"行到前门门未启，轿中端坐吃槟榔"诗句，可知北京士大夫吃槟榔之甚。非但如此，槟榔竟成为老百姓生活中的一部分。清乾隆、嘉庆时在北京大街上所设的饮马水槽，"投一钱，辄给槟榔少许，盖取半文值也"[2]。

这种被京师人"竟日细嚼"的水果[3]，也在《红楼梦》中展现，如第六十三回贾蓉"用舌头舔着吃了"二姐"吐出来的槟榔渣子"。第六十四回贾琏将二姐槟榔荷包中"拣了半块吃剩下的，撂在口里吃了"。这表明槟榔作男女调情之物食法。但多数是嚼的，像在清代的南京，人们无论在茶前饭后都将槟榔

① 杨恩寿：《坦园日记》卷三《北流日记》。
② 佚名：《燕台口号一百首》，道光抄本。
③ 梁绍壬：《两般秋雨庵随笔》卷八《槟榔》。

▲（清）佚名 卖槟榔 外销画

▲（清）佚名 贵妇与水果 外销画

咀嚼，"嚼的滓滓渣渣，淌出来"。^① 这些与宋元时期槟榔只当药用植物是有区别的。

在明清时期，还有一些新的水果品种出现。有一种"其小如钱"的"洋西瓜"^②。诗人说它："竟传异种远难详，且剖寒浆自在尝。因产西方皆白色，为来中土尽黄瓤。"^③外来水果还有大宛葡萄、西竺娑罗子、鬘花果、月支戎王子、无花果等。^④

塞外的"软枣"，内多细仁，如麻，色青味甘，蜜渍更美，这种"软枣"是《本草》书上未刊载过的。^⑤ 有的则是"内地所无者"，如似橄榄，绿皮小核，味甘而鲜的"乌禄栗"。像樱桃，味甘而酸的"欧栗子"。^⑥ 还有"他省所无"的辽阳香水梨，曝干为薄饼称为"妙品"的梨干。^⑦

---

① 吴敬梓：《儒林外史》，第四二回，人民文学出版社，1958年版。

② 孙颢元：《连理枝》，《清祠综补》，卷三二。

③ 赵善庆：《西洋瓜》，《清诗纪事初编》卷六。

④ 吕熊：《女仙外史》，第七六回，上海古籍出版社，1991年版。

⑤ 博明：《凤城琐录》，《西斋三种》。

⑥ 吴振臣：《宁古塔记略》，《知服斋丛书》第二集。

⑦ 杨同桂：《沈故》卷四《香水梨》。

　　野生水果的作用也被人们日益认识。康熙二十八年（1689），法国传教士张诚在中国旅行时，有人"送来一篮子当地人叫作乌兰那的小水果，样子挺像我们的酸樱桃，只略为发黏，有助于消化。国舅和马老爷忙把它给徐日升神甫送了去，因为他正为恶心所苦，希望这点水果能减轻他的痛苦，而事实上果然如

此"。后来，他真的感觉好多了。第二天，张诚等人也吃了一些，很有补益，这种水果在熟透时，确实能令人大开胃口。它们长在山谷中的小株植物上，也长在这块鞑靼地区山脚下的茂密野草中。[1] 这种野生水

---

[1]《张诚日记》,《清史资料》第五辑，中华书局，1984 年版。

果已被人当作畅胃通气所用。

明清有的地方还将水果作为装饰品。如广东杨桃虽宜于人们酒后咀嚼食用，但广东习俗往往将杨桃晒干，作漆案果用。因它绿色明润，五棱并起剑脊，具有美化装饰功能。①

更多的地方则是将水果晒干当粮吃，如"红枣树上熟而晒干者也，黑枣蒸熟而晒干者也，也有摘青而晒干者也"②。如西北多李，家以为脯，数十百斛，作为蓄积，这叫"苹婆粮"。三晋择沁之间多柿，居民把它晒干当粮食，中州、齐鲁也是这样。广东潮州乡间也有多种柿子，柿子熟了便制成饼吃。③以水果当粮并非明清才有，但明清已极为普遍。

① 顾岕：《海槎余录》，《说库》。
② 方以智：《物理小识》卷九《草木类》。
③ 俞樾：《右台仙馆笔记》卷一。

有专家根据明清农业方面的史料、著作，对当时农业的主要内容——粮食进行了估算：明代的常年亩产量，稻为三石左右，麦粟为一石左右，折合今日市制，稻亩产三石，合488市斤。旱地麦粟亩产一石，合157.3市斤。如全国平均计算，每亩产粮当在一二石之间，即一般亩产为297.6市斤左右。（曹贯一：《中国农业经济史》，中国社会科学出版社，1989年版）在一般情况下，清代的亩、石与明代相差无几（张泽咸、郭松义：《略论我国封建时代的粮食生产》，载《中国史研究》，1980[3]），个别地区略高于明代。这样的产量，在整个封建时代的粮食生产中是颇为壮观的。

但是与之并存的是自然灾害、社会灾难不时充斥其间（邓云特：《中国救荒史》：明清两代灾害总计竟达二千一百三十二次之多。商务印书馆，1993年版），反映在饮食生活方面就是成千上万的劳苦大众以野菜充饥度日。为了"保生""普济"，以朱橚为首的研究野生可食植物的流派，将劳动人民长期食用野生植物所积累的经验性知识加以提炼、总结，开辟了新的食源领域——食用野生植物。这一成果是前所未有的，西方科学史学家认为：这是从只含药用植物学意义扩展到包括所有可用作人类食用的植物学的意义。（李约瑟、鲁桂珍：《中世纪中国食用植物学家的活动》，载《科学史译丛》，1985［3］）因而对世界饮食的历史也作出了十分杰出的贡献。

野菜

　　明清统治者对农业生产的重视和引导是有效的，但也是有限度的，社会的生产力还不能抗拒自然灾害的肆虐，明清人民的饮食始终伴随着饥饿的阴影，即使被史家所称为"盛世"的明代永乐、清代乾隆两朝，也是饥荒不绝。"田谷不登"，"饥殍载道"。[①] 在这种境界下，人民不得不寻找"代食品"。

　　明代某些地区人民在灾荒中只得以名为"观音粉"的滑土和糠做饼充饥。有的则采食一种形似"人面"的豆子，以至"未有不旋踵毙者"[②]。清代福建榕城居民在饥害之时，则食"菜子、蕉头、浮萍"，弃

① 中国社会科学院历史研究所资料编纂组：《中国历代自然灾害及历代盛世农业政策资料》，第317页，农业出版社，1988年版。
② 陈宏绪：《寒夜录》卷下。

▲（明）周臣 流民图卷（局部）

地死尸，片刻割尽，窃抱小儿，瞬时就烹，甚至有自食其子，子割其父的。[1]

为了生存，明清人民将目光转向广阔无垠的原野上的野生植物。明代刘崧所写的《采野菜》的诗歌，较为典型地勾勒出了人民的这种饥饿相：

采野菜，行且顾。野田雨深泥没路，稚男小女挈筐笼。清晨各向田中去，茫茫四野烟火绝。去年秋旱今年雪，草根冻死无寸青，却撷枯荄泪流血。水边蒲荇未作芽，甘荠出泥先放花。长条大叶瘦且老，得似家园松韭好。枯肠暂满终易饥，酸苦螫人还自知。采野菜，行且哭。贫家食菜苦不足，寒军掠人还食肉。[2]

清代，采野菜充食的现象则更甚："朝掘草根，暮掘草根。肠枯欲断，相向声吞。"[3] "朝采葛，暮采

①　海外散人：《榕城纪闻》，《谢氏赌棋山庄》。
②　陈田：《明诗纪事》，卷十一。
③　王惟孙：《掘草根》，《清诗铎》卷十四。

葛，采葛深心忍饥渴。手皲足茧不知疲，绝壑穷涯讨生活。"[1] "女儿随娘男随爷，出门去掘蒌蒌芽。"[2]

真可谓字字血，句句泪，令人肠断。野菜成了广大人民赖以活命的"食品"，有的地方竟将野菜上市，"扬州草，不青复不黄。百钱买一束，难热釜中汤"[3]。

这正是从明后期开始至清中叶，中国人民的饮食结构所增添的一大内容——野菜。虽然在明代之前的历朝都有过这样的历史现象，问题是比较而言，明清时期"食用野菜"较之任何一个朝代面都宽，持续时间也久。因此，明清时期在中国乃至世界上的食用植物学中都是一个极为值得注意的时期。西方著名自然科学史研究者李约瑟、鲁桂珍就认为中国"从14世纪下半叶开始至17世纪中叶"，可以称为"寻找食用植物"时期。[4]

---

[1] 杨光铎：《采葛行》，《清诗铎》卷十四。
[2] 周济：《蒌蒌芽》，《清诗铎》卷十四。
[3] 杜濬：《扬州草》，《清诗铎》卷十四。
[4] 李约瑟、鲁桂珍：《中世纪中国食用植物学家的活动》，载《科学史译丛》，1985（3）。

从植物学的观点来分析，这一时期的植物类别有草类、木类、米谷类、果类、菜类。从可食角度来说，有叶、实，或叶及实，有根，或根叶，根及实、根笋、根及花、花、花叶及实、叶皮及实、茎、笋，等等。①

除了明代之前《本草》书籍所记录的138种外，据明代的朱橚《救荒本草》、鲍山《野菜博录》、王磐《野菜谱》、周履靖《茹草编》一卷、二卷，高濂《野蔌品》、屠本畯《野菜笺》、姚可成《救荒野谱》，明代的野菜食用范围又扩大了许多，增添了376种之多。其中包括12种少量的前代野菜。这些野菜可归纳为：

（1）叶可食的野菜163种：

竹节菜、独扫苗、歪头菜、兔儿酸、碱蓬、水莴苣、金盏菜、水辣菜、紫云菜、鸦葱、匙头菜、鸡冠菜、水蔓菁、野芫荽、牛尾菜、山蓿菜、绵丝菜、米

---

① 罗桂环：《朱橚和他的救荒本草》，载《自然科学史研究》，1985（2）。

蒿、山芥菜、舌头菜、紫香蒿、金盏儿花、六月菊、费菜、干屈菜、婆婆指甲菜、水苏子、风花菜、鹅儿肠、粉条儿菜、小桃红、青荚儿菜、八角菜、耐惊菜、地棠菜、鸡儿肠、雨点儿菜、白屈菜、扯根菜、草零陵香、水落藜、凉蒿菜、黏鱼须、节节菜、野艾蒿、堇菜菜、野茴香、蝎子花菜、白蒿、野茼蒿、野粉团儿、石芥、獾耳朵、回回蒜、老鹳筋、绞股蓝、山梗菜、鸡肠菜、水棘针苗、沙蓬、女娄菜、委陵菜、山蓼、葛公菜、鲫鱼鳞、珍珠菜、风轮菜、拖白练苗、透骨草、酸桶笋、山芹菜、狗筋蔓、兔儿伞、地花菜、杓儿菜、佛指甲、虎尾草、野蜀葵、蛇葡萄、星宿菜、水蕺衣、小兔儿卧单、香茶菜、铁扫帚、山小菜、羊角苗、楼斗菜、瓯菜、变豆菜、和尚菜、野西瓜苗、金刚刺、地槐菜、蚵蚾菜、独行菜、麦蓝菜、抱娘蒿、狗掉尾苗、铁杆蒿、山甜菜、地锦苗、毛连菜、尖刀儿苗、杜当归、辣辣菜、兔儿尾苗、牛奶菜、柳叶青、柳叶菜、山白菜、香菜、银条菜、后庭花、火焰菜、山葱、背韭、水莕菜、遏兰菜、牛耳朵菜、山宜菜、山苦荬、南芥菜、山萵苣、黄鹌菜、鷰儿菜、孛孛丁菜、柴韭、野韭、苦蘸、春踏菜、荞麦苗、山黑豆苗、黄豆苗、赤小豆苗、油子苗、香椿菜、嫩叶青、葵菜、刀豆苗、滑胜菜、殃菜、紫豇豆苗、豇豆苗、眉儿豆苗、苏子苗、水春苔、玉带春苗、雀舌菜、丝瓜苗、芝麻叶、眼子菜、窝螺荠、乌兰担、雁肠子、倒灌荠、菱科、碎米荠、鹅观草、牛尾瘟、野萝卜、草鞋片、抓抓儿、莼菜。

（2）根可食的野菜有 24 种：

野胡萝卜、鸡儿腿、地参、獐牙菜、鸡儿头苗、山蔓菁、山萝卜、萬子根、土栾儿、老鸦蒜、细叶沙参、金瓜儿、野山药、绵枣儿、地瓜儿苗、甘露儿、茅芽根、芭蕉根、天藕儿、鸡头根、鼓子花、香蒲、檀、蒲儿根。

（3）实可食的野菜有 37 种：

野黍、鸡眼草、燕麦、泼盘、山蔓豆、马藤儿、地角儿苗、稗子、穆子、锦荔枝、鸡冠果、地稍瓜、龙芽草、川谷、莠草子、丝瓜苗、回回豆、山菉豆、山扁豆、胡豆、野豌豆、礜豆、蓬草子、狼尾草、桑葚、野荸荠、野樱桃、软枣、栌子树、实枣儿树、橡子树、荆子、落霜红、木桃儿树、栾荆、鼠李、野葡萄。

（4）叶及实皆可食的野菜有23种：

米布袋、蓬子菜、苦马豆、猪尾巴苗、天茄儿苗、胡枝子、荏子、荠菜、紫苏、苍耳、丁香茄儿、舜芑谷、灰菜、荇菜、桃树、拓树、金樱子、赛苦茗、卖子木、南烛、青檀树、木羊角料、山茶树。

（5）根叶可食的野菜有12种：

吉叶沙参、藤卡苗、牛皮消、菹草、水豆儿、草三奈、水葱、野蔓菁、牛蒡子、水萝卜、泽蒜、榆钱。

（6）花叶可食的野菜有4种：

茨菰

慈菇

富州海桐皮

海桐皮

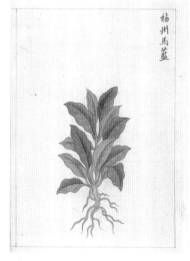

福州马蓝

马兰

江州南烛

南烛

宣州金樱子

泉州金樱子

金樱子

鼠李

洋州五倍子

鼠李

五倍子

▲（明）文俶 金石昆虫草木状 万历彩绘本

望江南、大蓼、房木、栾华木。

（7）根实可食的野菜有 2 种：

砖子苗、萍蓬草。

（8）茎可食的野菜有 2 种：

荇丝菜、水慈菰。

（9）茎叶可食的野菜有 19 种：

凤仙花、蕰草、葵、蕨萁、醋筒草、剪刀股、猪殃殃、浮蔷、水菜、看麦娘、狗脚迹、破破纳、斜蒿、猢狲脚迹、藩篱头、枸杞头、蒌蒿、扫帚荠、荠菜儿。

（10）花可食的野菜有 5 种：

楸树、藤花树、马棘、腊梅花、把齿花。

（11）花叶实可食的野菜有 5 种：

棠梨树、文冠花、松树、吉利子树、旁其。

（12）叶皮及实可食的野菜有 1 种：

女贞实。

（13）木类叶可食的野菜有 21 种：

稗芽树、椋子树、柳树、檞若、黄棟、蜜蒙、庵摩勒、杜兰、白棘、海洞皮、落雁木、没药树、南藤、乾漆、木天蓼、钓藤、五倍子树、独摇树、伏牛花、杉木、接骨木。

（14）苗叶可食的野菜有 3 种：

马兰、野落篱、恶实。

（15）还有一些未明确分类的野菜，约有46种，它们是：

芹、草决明、椿芽、薇、甘菊芽、玉环菜、薯蓣、落花生、香芋、雪里蕻、芋禾、蹲鸱、香栋脑、桢桐芽、芜菁、野麦、地踏菇、孔家蕨、甜菜、鹅肠、公公须、金花、米曲、掠帚、乌蘸、凤耳、婆婆奶、茅针、夏村、鸡冠苋、水黄芹、湖葱、紫苏、苦荬、灰藋、霄菜、山楂、栎櫑子、雷蒿、薛荔、紫藤、泥豆、甘菊、马兰丹、鹿葱、天泡茄。①

明清时期的绝大多数劳动人民，就是以上述三四百种野菜度灾荒的。② 即使在没有灾荒的和平日

---

① 顾景星：《野菜赞》，《昭代丛书》。
② 七种野菜典籍所综合的三百余种野菜，基本涵盖了明清时期"食用植物"的品种。像鲍山《野菜博录》所收明代以前《本草》著作中的四百二十五种野菜，也可看作是明清时期的野菜品种汇集。尚有一些一菜两名者，如白鼓钉，又名蒲公英。猫眼睛草，一名泽漆，一名绿叶绿花草，一名五凤草。又有一菜异名者，如黄华儿，又名黄花儿；苦蘑台，又名苦麻台。为数不多，亦归为明清野菜品种。

子里，社会下层的人们，特别是乡村中的农民也是以吃野菜为多。"春来马踏菜"，"秋来蔓菁菜"，这些野菜在劳动人民眼中都是"好的"。①

穷苦人家日常对年迈老人的供养，也是以野菜为羹。戏剧中的媳妇用哀婉的腔调，道出了这一辛酸凄清：

饭已做在此，本待具些蔬肴之味，又无钱钞可买，适来在邻舍家，觅得野菜一束，做一碗羹，聊为下饭。〔前腔〕野园荒圃，挑摘取草蔬，露叶香可茹，翠盘盛来，暂假供匙筷。看柔丝嫩甲，未必成五俎。语云：七十非肉不饱，不是奴家不为肥甘之奉。幸亲甘淡泊，肯怨著忧葵女。蔬饭已具在此，请婆婆出来吃早膳。②

平常日子百姓生活尚且以野菜为主食，更不要说灾荒之年了。在一般情况下，人民还不断发掘新

① 《蒲松龄集》下册《戏三出·闹馆》。
② 邵璨：《香囊记》第十三出《供姑》。

的"食用植物"，来充实自己的饮食生活。在塞北有一种"桃花水草，本状若杨梅，而无核，色红味甘，质轻脆，过手即败，五六月间遍地皆是。居人择最多处，设帐房或棚子，醵分载酒，男女各为群，争采食之。明日又移他处，食尽乃已。又有法佛哈朱孙鸟什哈者，味甜酸可食，皆中土所无者也"①。春夏之交，人们多撷蕨、小根菜、河白菜为常菜，甚至采沙参苗、苍术苗、橘梗苗、黄精苗、葳蕤苗等药苗为蔬。②

野菜食用的方式多是采摘后炸熟，水浸，去掉酸苦味，油盐调食。随着食用野菜日渐深入，人们食用野菜的方式也逐渐多了起来。如"风烹"，是在入冬采裂开有子熟者，水洗去皮，加水少许，搅汁入瓷器内，片时凝晶，切碎，酱醯（醋）入胡椒少许，同食。"虾蟆衣"，则是香油盐炒食，或盐汤淖过晒干，临食汤泡，盐醯和拌食用。③

野菜精细食用方式的出现，毫无疑问是明清饮

---

① 林佶：《全辽备考》卷下。
② 博明：《凤城琐录》，《西斋三种》。
③ 周履靖：《茹草编》卷一。

▲ （明）仇英 司马光独乐园图（局部）

仇英所画宋人实为明代培育野生植物流派的影像

食水平超越前代饮食水平的一个显著特征。而高濂的《野蔌品》中所介绍的大部分精细食用野菜之法则是集大成者。

这种风气一开，将野菜作为常蔬、佳蔬的做法便络绎而来：

嫩焯黄花菜，酸齑白鼓丁。浮蔷马齿苋，江荠雁肠英。燕子不来香且嫩，芽儿拳小脆还青。烂煮马蓝头，白熯狗脚迹。猫耳朵，野落荜，灰条熟烂能中吃；剪刀股，牛塘利，倒灌窝螺操帚荠。碎米荠，莴菜荠，几品青香又滑腻。油炒乌英花，菱科甚可夸；蒲根菜并茭儿菜，四般近水实清华。看麦娘，娇且佳；破破纳，不穿他；苦麻台下藩篱架。雀儿绵单，猢狲脚迹；油灼灼煎来只好吃。斜蒿青蒿抱娘蒿，灯蛾儿飞上板荞荞。羊耳秃，枸杞头，加上乌蓝不用油。[1]

[1] 吴承恩：《西游记》第八六回，人民文学出版社，1980年版。

这些野菜是作为"素席"款待客人的。由于这些菜食用面广，许多"食用植物"著作中都有它们的痕迹。可见野菜不独救荒之用，还可精做细吃，足可以登大雅之堂。

除大宗可食叶、根、实、花、茎等野菜外，食用菌是比较常见的另一类野菜。若将明清菌品与前代比较，宋代较为出名的菌品刊载于世的只有十余种①，而明清大大超过，其中不乏名称相差无几而相似的"蕈"。像雷蕈和雷惊蕈，雷蕈生长在广西横州，因"雷过即生"得名②，这与二月间应惊蛰节候而产的"雷惊蕈"如出一辙③，统可划为"雷雨生茂草中"的"雷声菌"类④。

但大多数菌品是新涌现出来的，它们是香蕈、无花蕈、麻菰蕈、鸡苁蕈、梅树蕈、菜花蕈、壳树蕈、茶棵蕈、桑树蕈、鹅子蕈、茅柴蕈、糖蕈、紫面蕈、野鸡斑蕈、杨树蕈、奶汁蕈、青面子蕈、佛手蕈、紫

---

①　陈仁玉：《菌谱》《墨海金壶》。

②　潘之恒：《广菌谱》，《说郛续》卷四十一。

③　吴林：《吴蕈谱》上品《雷惊蕈》。

④　滑浩：《野菜谱·雷声菌》。

花蕈、姜黄蕈、灯台蕈、瘟婆子蕈、粉团蕈、橘皮蕈、伞子蕈、面脚蕈、紫血蕈、紫富蕈、猪血蕈。

此外还有杉菌、皂角菌、蘿菌，长形似神话传说中钟馗帽子的钟馗菌，或生垣墙或生粪堆的鬼菌，以及生于苦竹、朽竹根筋上的竹蓐，生于诸名山地上色赤质脆的葛乳，生在天台四明、河南宣州、黄山、庐山、川西等地石崖最高处，远望如烟的石耳，不易多得、生于海舶舵上的菌——"舵菜"，等等。

在东北，蘑菇菌之类，其种甚多，有榆蘑、榛蘑、黄蘑、白蘑等名，又有毛茸茸，绝似猴头的"猴头蘑"[1]。蘑菇菌的良品也是很多的，如齐齐哈尔东境的夸兰蘑菇，味薄洁净无沙，外观也好。[2] 宁古塔蘑菇，为中土所无。[3] 篱落间都有，其味道之美，使临死之际者还思念用此蘑菇做汤[4]。

类似蘑菇品种遍布于国内各地。北京附近鞍子

① 杨同桂：《沈故》卷三《猴头蘑》。
② 徐宗亮：《黑龙江述略》卷六《丛录》。
③ 杨宾：《柳边纪略》卷三。
④ 林佶：《全辽备考》。

岭的"猴头、麻菰",大的一枚重一斤多。[1] 北京香山又产"轮菌"如伞、洁白肥脆的松菇。[2] 山东济南三十里处的龙洞中所产野菌,色如雪,圆如盏,叫作"银盘",寺僧收之,以供游客,清馔芳洁,鲜脆胜于辽海的蘑菇,虞山的松伞。[3] 广东英德出产一种香如兰花、味道鲜美的"兰花菇"。[4]

明清食用菌产地分布极广,品种极多。清代某地菌类除常见者外还有绿斑色的绿豆、白色的白茅、黄色的牛矢、狗肝、黑色的芝麻。这些都是可以补菌谱上所没有的。[5] 各地还均有优良菌品闻名,明代云南的"鸡枞"菌可为代表之一。

据明代人说"鸡枞"菌因像鸟飞敛足而得名,[6] 或者说味道像鸡肉一样的土生菌。它大的像捧盒,厚逾口蘑,色黑,鲜妙无比。当地人用盐腌,长年食用,熬液为油,可代酱豉,其味尤佳。连卤蒸杆可作

① 查慎行:《人海记》,《正觉楼丛刻》。
② 继昌:《行素斋杂记》卷上。
③ 戴延年:《秋灯丛话·银盘》。
④ 周寿昌:《思益堂日札》卷三《木耳摩菇》。
⑤ 吴骞:《桃溪客语》卷一《竹菇》。
⑥ 杨慎、曹竑:《升庵外集·鸡菌》。

榆木耳

楮木耳

桑木耳

柳木耳

▲（明）文俶 金石昆虫草木状 万历彩绘本

棕酱。家常用干"鸡枞"佐馔。自明代以来,"鸡枞"的油像酱一样,可以点肉,成为云南的珍品。

清乾隆年间的赵翼,在赴云南途中,曾吃过"鸡枞",并赋《路南食鸡枞》诗:"无骨乃有皮,无血乃有肉。鲜于锦雉膏,腴于锦雀腹。"香、鲜、脆、嫩、甜、滑均兼于"鸡枞"。说它为天下菌中第一美味①,不是没有道理的。

明清菌品中最多的是木菌。木菌即木耳,生在朽木上,无枝叶,是湿热余气所生,软湿为佳。一般来讲,桑、槐、楮、榆、柳五种木,可产木耳。明清人民食用木耳,经常去大自然中采取,像在夏日枯柳中采取的层折鳞次、洁白类"天花"的木耳。②人们注意到在住宅左右枯木中,经雨露润蚀、日月曝蒸而产生的菌耳,如生于松木上褐色的"松菌",以及生于严冬,色白质韧,有微香,可供做汤用的"冻菌"。③

---

① 杨士聪:《玉堂荟记》下卷。
② 李中馥:《原李耳载》卷下《木菌突生》。
③ 杨南邨:《山居漫隶》。

逐渐地，明代人有意识培育木耳生长。其法是：在深山下砍倒干心木、橄榄木等铺地，用斧斑驳木皮上，候淹湿，经两年才出一些木耳。待第三年，木耳遍出。每经立春后，地气发泄，雷雨震动，则交出木上始采取。用竹篾穿挂，焙干，等秋冬之际，再用二遍木敲出，这时间生的木耳，叫"惊蕈"。①

明清人民对食用菌的鉴别能力，也有长足进步。如有一种地耳，味道殊美，但有毒。人们便在煮食时，和灯心草，或用银簪淬之，若灯心草与簪色黑，即有毒，扔弃不食。②

这都标示着明清人民从寻求"食用植物"的自然状态，进入了一个较为自主的食用菌的阶段。

家禽

相比较禽类食物从各方面都显得容易些。外国的禽类食物，在明清时期不断传入并推行开来。如"火

① 陆容：《菽园杂记》卷十四。
② 都印：《三余赘笔·蕈》。

鸡"是明洪武年间的"舶来品"，当时为难得之物，至清代时广东则可以经常有了。①

"畜养"主要集中在鸡、鸭、鹅等家禽上。这从明代"上林苑番育署"的"畜养"可见：

鹅八千四百七十只，鸭二千六百二十四只，鸡五千五百四十只。皇家所用便以此排列，"光禄寺"取孳生鹅一万八千只，鸭八千只，鸡五千只，线鸡二十只，鸡子十二万。

"太常寺"荐新，奉先殿所用：新雁十二只，雉、嫩鸡各十三只，鸭子二百四十只，鸡子二百八十。

"本监"岁进贡较多的禽类也是鹅六十五只，鸭黄七十五只，鸡黄五十只。大雌鸡十五只，鹅子九百五十，鸭子二万五千。

"内府"供应鸭子三万。猪仅占一千口，余下才是牛、羊，几百条、数十只不等。②

在明代，鸡、鸭、鹅的优良品种也不断培育出来。"辽阳一种食鸡，一种角鸡，味俱肥美，大胜诸

---

① 缪艮：《涂说》卷四《食火鸡》。
② 谈迁：《枣林杂俎》智集《上林苑》。

鸡"，①此为东北肉用型"辽阳鸡"。嘉定、南翔、罗应等地还产"三黄鸡"。②

清代又有"九斤黄"的称呼："鸡之绝大者，名九斤王，亦曰九斤黄。王者雄长之称，黄则色至秋肥而焕彩也。出嘉定、太仓间，故土人有谚语云'东乡鸡高过脐，家有小儿莫敢啼'。"③

还有海南岛东北部的"文昌鸡"④；山东寿光蛋肉兼用型"寿光鸡"⑤；陕西的"柴鸡"⑥；浙江仙居的蛋肉型"仙居鸡"⑦；江苏如东县的"狼山鸡"⑧；卵小于鸭蛋，肉味最美，为滋养品的浦东鸡"黑十二"⑨。

尤其是江西"泰和鸡"，在明代它与众鸡不同的

◀（清）沈铨 秋桐群鸡图

① 李时珍：《本草纲目·禽部》第四十八卷。
② 李诩：《戒庵老人漫笔》卷二《嘉定鸡、金坛鹅》。
③ 孟瑢：《丰暇笔谈·大雄鸡》。
④ 陈坤：《岭南杂事诗抄》，《如不及斋丛书》。
⑤ 清《嘉庆寿光县志》，嘉庆五年刻本。
⑥ 清《豳风广义》，《关中丛书》。
⑦ 《光绪仙居县志》，浙江人民出版社，1987年版。
⑧ 闵宗殿：《中国历史名鸡》，《农史研究》第七辑，农业出版社，1988年版。
⑨ 《上海县续志》卷八《物产》。

▲（清）《王婆骂鸡》书影

特征就十分显著了。瞿佑专写诗赞曰："白毛乌骨独超群"，"元冠勇赴三军敌，黑距雄夸两足尊。闻道医家修妙药，拟同参术策奇勋"①。看来，"泰和鸡"可以入药，起滋补作用。

鸡的品种之多，甚至在城市居住的百姓之家也可看到这种情形。一个王姓老奶奶就养了许多种鸡，还

① 瞿佑：《咏物诗》，《武林往哲遗书》。

编成曲儿来唱："公鸡打鸣，还有些油鸡；母鸡下蛋，还会孵鸡。我的鸡儿，都是有名的：红边鸡，大斗鸡，芦花鸡；还有凤头鸡，白毛黑爪是个乌鸡；红冠子白身子、两只短腿是广东鸡。从不野性，只在家里，闹闹哄哄一院子。"[1]

　　一院子鸡当然不少，但比起清代有人说四川养鸭以亿万计[2]，还是要少得多得多。因为养鸭必须具备土地肥沃、气候温和、有广阔的天然饲料、富饶的湖泊等放养条件。明清时期四川大部，及珠江流域、长江、沿海地区，就是具备这样条件的区域。在这一区域中的人民，春天畜小鸭，秋天售蛋，冬天卖鸭，已习以为常。[3]因而这些地区也就几乎包括了全部优良鸭的品种，如广东那嫩而肥，腌用麻油渍浸，日久肉红味鲜的"南雄鸭"[4]，四川的"建昌鸭"[5]等。

　　在众多的优良鸭种中间，较为著名的是江苏的

---

① 《霓裳续谱》所收岔曲："骂鸡王奶奶住在街西。"
② 佚名：《蜻阶外史》卷三《蜀妇》。
③ 《光绪南汇县志》卷二十《物产》。
④ 吴震方：《岭南杂记》卷下。
⑤ 梁家勉：《中国农业科学技术史稿》，第八章，农业出版社，1989 年版。

▲〔清〕吴元瑜 秋汀野鸭图

"高邮鸭"。它"千百成群，渡江而南。阑池塘以蓄之。约以十旬肥美可食，杀而去其毛，生鬻诸市，谓之水晶鸭"[1]。贵州土产一向甚薄，可也有家禽良种"都匀之鸭"闻名于世。[2]

需要特别提及的是在明代出现的"北京鸭"，它的起源，是由于明王朝由南京迁都北京，江南稻米漕运北上，无数粮食遗漏河内，人们用散落的漕粮作饲料饲养随船运来的江苏金陵的"白色湖鸭"，以后扩大到民间饲养。东郊潮白河一带的"白鸭"，因当地野生饲料丰富也与之同步发展。

北京四郊周围沟渠交错，稻谷丰茂，水草繁生，一年四季气候温和……这些都为适应性强、脂肪多、肉质鲜美的"北京鸭"的形成起到了极大的进化作用。[3]北京贵族阶层对上乘菜肴原料的需求，也是促成大型肉用、优良的"北京鸭"产生的一个重要原

---

① 陈作霖：《金陵物产风土志·本境动物品考》。
② 檀萃：《楚庭稗珠录》卷一《黔囊》。
③ 张仲葛：《我国家禽（鸡、鸭、鹅）的起源与驯化的历史》，科学出版社，1986年版。

因。填食肥育的"填鸭法"[1]也是与此有关的。

人们对鸭的大量需求，使明清养鸭日益专门化。如清代"焙鸭"，其法是"始集卵五六百为一筐，置之土墟，覆以衣被，环以木屑，种火文武其中，设虚筐候之，卵得火小温，辄转徙虚筐而上下之，昼夜六七徙，凡十有一日而登之床，床策亦藉以衣被，而重覆其上，时旋减之，通一月，而雏孳孳啄壳出矣"[2]。

用这种方法培育出来的小鸭肥而泽，易育，且速长。大凡畜养鸭子者多用此法，流传极广。以台湾为例，清道光中，有人工孵化法传入，故鸭子在台湾滋育甚繁。[3]

鹅在明代受重视程度要超越前代，至少在皇家心目中是这样的。在"上林苑监蕃育署"所有"畜养"的禽类中，鹅的数量最多，占据第一位。[4]

▶（清）蔡升、王礼 幼樵像

---

[1] 闵宗殿：《中国农史系年要录·明代》，农业出版社，1989年版。

[2] 凌扬藻：《蠡勺编》卷四十《焙鸭》。

[3] 连横：《台湾通史》卷二十八《虞衡志》。

[4] 《明会典》卷二百二十五《上林苑监》。

▲（清）佚名 卖鸡鹅 外销画

　　明代各地还培育出非常优良的鹅种，如安徽西部丘陵地区和河南固始一带的"皖西白鹅"，脂多肉嫩，腌制更佳，自嘉靖即有文字记载。[1]还有"金坛子鹅擅江南之美，因饲养有法，色白而肥"，以至市

◀（明）吕纪 狮头鹅图

――――――――――

[1]《中国家禽品种志·皖西白鹅》。

场上没有卖的，士大夫家用此为待宾上馔。①

清代浙江一带人们养鹅，是用精谷喂，所以非常肥，用来祀神，呼为"栈鹅"。②其目的是尽快满足人们对吃鹅的需求。

在相当多的乡村，食鹅则成风习。清代湖南西部的溆浦县，百姓畜养的肥鹅遍野，集市上鹅的买卖频繁。人们用鹅作送礼和过节的最佳食品，而且每逢八月，亲朋好友便举办"打鹅会"，杀鹅快饮。③

在城市，还有人专食鹅掌。其法是将鹅放在铁椤上，慢火烤炙，并向鹅灌酱、油、醋，时间一久，鹅死，仅存皮骨，但两掌渐厚，掌大如扇，取之烹炙，味美无伦。④

总起来看，食用家禽较为常见者为鸡、鸭、鹅。故明代县志上，家禽的列位顺序为鸡、鸭、鹅，再就是鸽。⑤

---

① 李诩：《戒庵老人漫笔》卷二《嘉定鸡·金坛鹅》。

② 平步青：《霞外捃屑》卷四《栈》。

③ 《同治浦县志》卷八《物产》。

④ 顾公燮：《消夏闲记摘抄》卷上；又见梁恭辰：《劝戒录类编》第四章《广爱录》，略同，可见喜食鹅掌者甚众。

⑤ 《万历钱塘县志·纪疆·物产》。

明代开始把鸽子列为家禽了。明皇宫西华门等
处的鸽子房,一天就需支用绿豆、粟、谷等项料食十
石。[①] 一天费用如此之多,鸽子的数量和质量如何,
不言自明。

▲（清）佚名 卖鸽子 外销画

---

① 朱国祯:《涌幢小品》卷二《司牲所》。

清代，就是一般人家也要竞相养鸽子，有"鸽旺家隆，鸽衰家穷"的说法，有的地方为鸽子营造居住的楼房，名为"鸽楼"，下面啄食的鸽子，一群有上千只。[①] 各地鸽子的优良品种不断涌现：山西有坤星、银稜，山东有靼靼、鹤秀，四川和贵州有腋蝶，河南有跳翻，广东有诸尖，云南有凤尾，湖北有丁香……[②]

又有靴头、点子、大石、黑石、夫妇雀、花狗眼之类，名字难以计指。这些鸽子既可以作玩耍，又可以充作良馔。如山东所出名为"靼靼"的鸽子，就十分肥美。[③] 鸽蛋为馔中珍品，[④] 施其粪肥可使西瓜甚甘，粪便亦可入药。[⑤]

① 金埴：《巾箱说》，中华书局，1982 年版。
② 张万钟：《鸽经·产地》。
③ 蒲松龄：《聊斋志异》卷六《鸽异》，上海古籍出版社，1962年版。
④ 《光绪顺沙厅志》卷四《物产》。
⑤ 《光绪嘉定县志》卷八《物产》。

家畜

明清时期，"畜养"的意义已与前代有所不同。所谓"畜养"已非山场荒地，而是多半"家畜"。如云南一省"自孔翠之属外，终归于家畜"[1]。饲养家畜的目的多为生活、赢利，这就使明清的家畜业十分发达。

李时珍在《本草纲目》中共列举了 28 种畜类。他将猪放在第一的地位上，不是无缘无故的。随着农业生产向纵深发展，粪肥的作用日趋重要，而猪粪上田是很简便的。沈氏曾以"古人云：种田不养猪，秀才不识书，必无成功"这句话，点明了养猪对农业生产的重要作用。正所谓：养猪"乃作家第一者"[2]。

沈氏以一家养猪六口计算，每养六个月，"约肉九十斛，共计五百余斤"。每口猪可积肥 1500 斤，由于养猪有如此好处，养猪日渐兴盛，新的猪种不断

---

① 檀萃：《滇海虞衡志》卷六《志禽》。
② 沈氏：《农书》上卷。

涌现。

明代云南有一种"柔猪"，是用米饭喂成的五六斤的小猪，骨俱柔脆，可全体炙之，切片食用。[1] 明代广西横州，有一种足短、头小、腹大垂地的猪，此猪新生十余日即肥圆如匏，重六七斤即可烹，味极甘腴，人甚珍重。以至请客无此猪便不成敬意。[2]

明清的猪种是历代猪种中最为丰富的。明代的猪的畜养遍及全国，但品种却各有不同。生青衮徐淮者耳大，生燕冀者皮厚，生梁雍者足短，生辽东者头白，生豫州者嘴短，生江南者耳小（谓之江猪），生岭南者白而极肥……[3]

清代各地均培育出了猪的优良品种，它们是：金华义乌猪，云南宣威猪，湖南宁乡猪，桃源猪，河北定县猪，广东梅花猪，海南岛文昌猪，苏北猪，荣昌猪，新金猪，内江猪，东北猪等。清各府（包

► （明）顾见龙 滇苗图说之边地少数民族养猪的场景

---

① 《徐霞客游记》卷下《滇游日记·七》。
② 王济：《君子堂日洵手镜》，《说库》。
③ 李时珍：《本草纲目·兽部》五十卷。

括台湾府）、州、县的地方志中，大体上都把猪作为
"物产"列了进去。少数民族的养猪记载在清以前几
乎是空白，但自清以后，其养猪记载也逐渐多了起
来，且以康、雍、乾三朝为繁。[1]

清代养猪鼎盛，除畜养自身规律发展外，其中
一个很主要原因是入主中原的满族十分崇尚猪肉。
"满人祭神，必具请帖，名曰请食神"，实则"祭以
全豕去皮而蒸，黎明时，客集于堂，以方桌面列炕
上，客皆登炕坐，席面排糖蒜韭菜末，中置白片肉一
盘，连递而上，不计盘数，以食饱为度"，"满人请
客，以此为大典"[2]。有的风味饭馆也是以满族嗜好的
猪肉而名噪，如北京的"砂锅居"，就像有人赋诗道：
"花猪肥美谢珍馐，风尚原来自满洲。"[3]

当然，明清人嗜好猪肉并非满族独有，乃是久
已形成的饮食习俗成熟的表现。美食家齐如山先生收

[1] 许肇鼎：《我国历史上养猪情况简介》，载《四川大学学
报》，1978（2）。
[2] 何刚德：《春明梦录》卷下。
[3] 郑孝楏：《咏砂锅居》，《清诗纪事》，江苏古籍出版社，
1989年版。

▲（清）佚名 满人祭祀仪式之献牲

藏有明朝的两张半饭馆中的茶单，其中都没有牛、羊肉，主要是猪肉。[1] 假如两张菜单不足为凭的话，再考之于其他典籍，也会发现类似齐如山先生所持的证据。利玛窦就曾说过：中国的"普通人民最常吃的肉是猪肉"[2]。

猪作为家畜之首受到人们的青睐，并不是其他家畜就不受人们的欢迎了。明代粤西就是"畜物无所不有，鸡豚俱食米饭，其肥异常，鸭大者重四斤有方"[3]。在滇时徐霞客观察过到庙祭祀者，"奢者携一猪，就垫间火炕之而祭；贫者携一鸡，就垫间吊杀之，亦烹以祭"，这标示着一般百姓是饲养小家畜的。如鹌鹑也较多出现在"畜养"之列。鹌鹑体躯肥满，肉味鲜美，有独特的清香味。常常是"雄者供馔"[4]，上海一带，鹌鹑成群，伏于田野。大如初生小鸡，乡人便用网捕，售于肴肆，焯炙味美。[5]

---

[1]　齐如山：《齐如山回忆录》第十二章，辽宁教育出版社，2005 年版。

[2]　利玛窦：《中国札记》第三章《中华帝国的富饶及其物产》。

[3]　《徐霞客游记》卷四《粤西游日记·四》。

[4]　钱学纶：《语新》卷上。

[5]　《民国上海县续志》卷八《物产·羽之属》。

一副凳头一把刀
外洋猪肉价钱高
肋条要把猪蹄搭
利市顺风半是毛

——童谦孟

▲（清）蒲呱 卖猪肉图

不被人们重视的大牲畜在家畜之中，吃法则有所更新。清乾隆年间的山西晋祠地方，人烟辐辏，商贾云集。其地有酒肆以烹制驴肉远近闻名，天天有成千上百的人来到这题名独特的“鲈香馆”处吃驴肉。

其法是将一头草驴，养得极肥，先灌醉它，满身拍打，割肉时，钉四椿，捆住足，用一根巨木，横压背上，系住头尾，使驴动不得，开始用“百滚汤”，沃其身，将毛刮尽，再用快刀零割其肉，或要食肚，或背脊，或头尾，各随客便。①

还有的是凿地为堑，置板其上，穴板四角为四孔，将屠驴的足陷入其中。有买肉者，随所买多少，用壶注沸汤沃驴身，使毛脱、肉熟，再刳取食用。通常的说法是只有这样驴肉才脆美。②

野生动物食物

野生动物食物是相对于家畜、家禽的另一大宗食

① 梁恭辰：《劝戒录类编》第四章《鲈香馆》。

② 纪昀：《阅微草堂笔记》卷四《泺阳消夏录·四》。

物，在明清时期，野生动物食物的用量非常之大。明嘉靖年间出版的《食品集》，罗列了33种动物食物，其中野生动物就占24种之多。[①] 虽然它们多是从大补的角度而选中的，但由此可了解到明代的野生动物的食用范围大大扩展了。

从清代吉林一地每年向皇帝进贡的"方物"来看，野生动物食物已占有相当大的成分。它们是野猪、野鸡、树鸡等，其中以鹿肉为最，像鹿尾、鹿尾骨肉、鹿肋条肉、鹿胸岔肉、晒干鹿脊条肉、晒干鹿舌、鹿后腿肉等。[②] 康熙七年（1668），盛京园丁捕获送往京城的野鸡瘦小且未达到限征数目。因此，受到皇家的斥责，并严令"今年倘仍照去年将瘦小野鸡送来，则不计入限征之数白收。若未及限征数额有所欠缺，则定将特派率众往捕野鸡之领催园丁，一并治罪"。[③]

野鸡瘦小竟引起朝廷动怒，这倒是可以看到皇帝

---

① 吴禄:《食品集》卷上《兽部》。

② 姚元之:《竹叶亭杂记》卷一。

③《〈黑图档〉中有关庄园问题的满文档案文件汇编》,《清史资料》，第五辑，中华书局，1988年版。

▲（清）佚名 乾隆围猎图
　围猎为清朝皇帝常行的一项"功课"

嗜好野味的一个侧影了。就是在外国人的眼里，康熙也是位喜爱打猎的皇帝。他常常将其手下由于不懂打猎和不会管理猎人的重要军官撤职，其中固然有"不会打猎，在战场上也是要失败的"这个理论的指导。可是从康熙射猎的火鸡、雉鸡、鹧鸪、鹌鹑、狍子、兔子、老虎、豹、黄羊、野鸡、野猪、斑鸡、熊、野鹅、野鸡、獐子……野生动物的范围很广，只用单为"武备""骑射"，似难能释通。

而且，康熙最喜欢捕杀的是鹿。康熙在一次围猎中就捕杀了154只鹿。在外国人看来，康熙"是那样爱好捕鹿，以至他可以为此而花去整天整天的时间"，一旦捕获到了鹿，康熙还"亲手整理自己打死的那只鹿的肝，肝和臀部的肉在这里被看作最精美的部分。他的三个儿子和两个女婿帮着他，皇帝把鞑靼人古时收拾鹿肝的方法教给他们，感到很开心。把片片鹿肝准备烤吃时，他将其分给他的儿子们、女婿们和身边的一些官员们"。①

---

① 《1692年张诚神甫第四次去鞑靼地区旅行》，《清史资料》，第五辑，中华书局，1988年版。

在鹿肉部位中，公认"鹿尾"为最佳。所以，朝廷常常将鹿尾作为珍品，赏赐大臣。[①] 正是这个原因，京师极贵鹿尾[②]，尤其是东北的鹿尾。其他如"鹿脯"，也很珍贵，康熙年间名士毛奇龄曾专赞它为"人一食，寿百岁"[③]。

明代皇帝中除武宗喜欢射猎外[④]，其他皇帝则远远不如清代的皇帝那样热衷于射猎，然而，明代野味却颇有市场。且不说富家巨室所垂涎的北方熊掌一类的非常膳品[⑤]，仅一般平民就有专去发掘野生动物食物用来充馔的——

河北宣府、大同所产黄鼠，秋高时肥美，土人将它作为珍馔，还将它作为"贡物"，一只高达一钱银子。[⑥] 大文豪徐渭称颂它"膏厚而莹彻"，并为之赋诗："庖厨穷口腹，天地窨生成。"与"黄鼠"齐名的还有"黄羊"，徐渭吟咏它："紫塞黄羊美，超胜

---

① 许起：《珊瑚舌雕谈初笔》卷六《鹿尾》。
② 王士禛：《古夫于亭杂录》卷一。
③ 毛奇龄：《毛翰林词·水调歌头·咏鹿脯》。
④ 王士禛：《分甘余话》卷上。
⑤ 谢肇淛：《五杂俎》卷十一《物部·三》。
⑥ 陆容：《菽园杂记》卷四。

弹雀佬

▲（清）佚名 弹雀佬 外销画

不易供",极力推重它的"味绝胜"①。这种野生动物食物到了清代更招人喜爱,梁章钜就记录了自己在兰州饱食黄羊的经历,此时的黄羊已是所谓"迤北八珍",官厨也以此为贵。②

至于其他可食野生动物食物,种类就更多了。较为典型的是,清代新疆吐鲁番的人们就将獭捉住腌了卖,价钱是百钱一头,味道像南方果子狸。③还有广东吃的蛇——

有一大僚到粤上任,乡绅献土仪,陈列盈庭。大僚见其中有一巨蛇,以为恐吓自己,大发怒火。过了一个多月,乡保又抬来一胜前数倍的大蛇,大僚又要斥责,地保急了伏地乞求道:蛇以一百二十斤为率,今忽得二百多斤的蛇,再也没有超过它的了。大僚既生气又奇怪,说给幕友听,幕友哗然道:这是不易得

◀(明)吕纪 梅茶雉雀图

---

① 《徐渭集》卷六《五言律诗·黄鼠·黄羊》
② 梁章钜:《浪迹三谈》卷五《黄羊》。
③ 和邦额:《夜谭随录》卷五《獭贿》。

物，糟之作臛，祛风疾，和肌理，大有补益。此公一听，使命全署官吏都来吃这条大蛇，吃的人赞说：世间无此味，不食不知其旨。①

广东香山一带，则将野生的蛇加以蓄养，来做羹。所用蛇最毒者，首巨而扁，能挺立逐人，次则黑白花纹间杂，再次则纯黑。只要做羹，必用这三蛇。做羹时去皮，将其肉和以五味，一次宴请客人需用这样的蛇三十条。广东盛席无不用蛇羹的。②

在北方，人们食用野生飞禽的品种又增加了许多。如"盘山多异禽，入馔者，以松鸭沙鸡为最。鸭鸦身鸭嘴，毛苍紫，性喜松，巢松巅，日惟以松子为食，不栖止他木。渴饮泉，泉必松下者，以浸松脂也。鸣声哑哑然，呼群鼓翅，百十为队。土人网之，充馔。肉作松子香，清腴甘美，不与鸡鹜同。"这一野禽，在《畿辅志·物产类》及《盘山志》均未记载，名家文集，亦无吟咏。盘山老僧说：是物开山

---

① 破额山人：《夜航船》卷三《蛇味最美》。
② 林纾：《铁笛亭琐记》三《蛇羹》。

时，就非常多，近山诸林，及他山均无。世有注禽经者，当补入。①

此外，东北形似雌雉，脚小有毛，肉味与雉同，汤尤鲜美，然较雉难得，多在深山密薮的"飞笼"。②"数十钱即买得"野鸡③，也都作为美味受到人们的重视。

在江南，野禽亦不在少数。湖北有一种"麦雀"，由麦熟时肥美而得名。它好闭息插嘴于泥中，隐蔽陇畔，捕取容易，风味绝佳。许多典籍都记录了它，可见"麦雀"是很受欢迎的一种野禽。④

还有一种"秋鸟"，此物惟宜碎切，豕膏和糖霜，椒末渍以酒酿蒸食，或细切调鸡卵蒸食，亦佳。⑤

因为乌雀味道鲜美，所以有人就以捕乌雀充饥，并以此为业糊口。明代人就在荒野捕黄雀，"日暮竞

---

① 佚名：《蜻阶外史》卷四《松鸭沙鸡》。
② 西清：《黑龙江外记》卷八。
③ 赵翼：《簷曝杂记》卷一《木兰物产》。
④ 桐西漫士：《听雨闲谈》；孟瑢：《丰暇笔谈·麦》雀；李光庭：《乡言解颐》卷四《麦啄》。
⑤ 陆以湉：《冷庐杂识》卷四《秋鸟》。

▲（清）佚名 卖野鸭兔子 外销画

比谁得多"，"空城黄口待我归"。①

清代常州府城外的横林，有数顷苇塘，瓦雀栖息。林中王姓者，作大网，布置苇间，放鹰殴之，雀群入网中，即收网而归，用大石压死，售于市场。②

在北京专有卖大量野鸡、沙松和松鸡等野禽的"野味市"③，这也是一个明清之际野生动物食物大增的证明。

① 张坤：《捕雀词》，《明诗纪事》卷十八。
② 梁恭辰：《劝戒录类编》第四章《戒雀》。
③ 伊兹勃兰特·伊台斯、亚当·勃兰德：《俄国使团使华笔记》第十五章，商务印书馆，1980年版。

这样的贡献不止食用野菜，自明代以来，水产食物的发掘和食用的热潮也是突出的一项。这就如同明清野生动物食物，日甚一日出现在肴馔的队伍中一样，以至食用野味的规定，堂而皇之登上了国家最高制度典册。(《明会典》卷一九一《野味》;《大清会典》卷九八，《设肉房以纳腥物》)

水产食物和野生动物食物的增多，不仅标示着明清人民饮食生活开始向广度和深度发展，而且也显示了明清时期自然生态环境的丰厚。

▶（清）刘秀走国图

　　明代张瀚在四川淑江泛舟东上时，看见"一路多鱼，南溪大鲤，重至百斤，小者亦二三十斤，诸鱼皆肥美可食"①。张瀚所描绘的仅仅是淑江一域之鱼，

————————

① 张瀚：《松窗梦语》卷二《西游记》。

166

但已反映出了明代鱼丰的景象了。四川溆江属于长江水域，长江水域河湖密布，约占全国淡水面积的50%，饵料丰富，水质肥沃，鱼源繁多，约占全国淡水鱼的一半以上。像长江水域的嘉兴湖中，仅鲤鱼就有 23 种之多。[①] 将江南称为"鱼国"，是再合适不过了。

"鱼国"中的珍品主要为鲥鱼、刀鲦、河豚，也

---

① 《万历秀水县志》卷三《物产·鳞之品》。

有鲤鱼、鲥鱼、青鱼、鲫鱼，有身窄而长、鳞细白、肉甚美而不韧的白鱼，有腹背丰满的鳊鱼，有鲭鱼，有身骨脆美的鲟鱼，有鲦鱼，有色纯黑性耐久的鳢鱼，有肉最肥的鮰鱼，有鲇鱼，有肉颇腻、青白二种、大者头胅为上味、江南人家塘池多养，被唤作"家鱼"的鲢鱼，有身狭而长，不逾数寸，大者裹以面糊油炸的面条鱼，有黄鳝鱼、鳗鲡鱼，[①] 有仅长四寸的"菜花小鲈"，也有长至二三尺、味甚胅、巨口细鳞的鲈鱼，有肉紧无味的鳜鱼[②] 等。

许多独特鱼种也繁衍于江南。清代苏州地区的元和县周庄镇的农村水域就有鲫鱼，他处的鲫鱼多黑色，此地独白。有夏、寒之分，通常冬月味美，在元宵灯节前宴客必用此鱼。菜花鱼较之松江鲈鱼少两腮，佐以新笋煮汤吃，味道最鲜。鳜鱼巨目细鳞，肉白味美。鳊鱼首小身阔，味胅肉嫩。斑鱼则像河豚，但小，其味胅美。鳗鱼则有断鳗、食鳗两种。虾、螺蛳在水滨河岸随处都有，田螺则生于田间，人们在稻

---

① 顾起元：《客座赘语》卷九《鱼品》。
② 陈鉴：《江南鱼鲜品》，《檀几丛书》初集。

后就可以捉到。①

明清时的北方，鱼的数量和品种也不少。一些优良鱼种和冷水性鱼类，主要分布在东北江湖之间。黑龙江、嫩江鱼名不可枚举，鲟鳇外约略言之，有敖花、有哲绿、有纽摩顺、有发绿、有草根、有感条、有昂次、有达发哈、有屈尔富、有勾辛、有虫虫……往往一网捕得千万尾。②

松花江的鱼以鲟、鳇最大，其鲤、鳟、鲂、鲑也很多。③牡丹江等处亦产鱼，但小鱼居多，仅供自食，而莫盛于兴凯湖与乌苏里江，当桃水泛涨时，湖鱼争吸新水，游泳于江中，顺流而下，又贯入旁，近之穆棱力等河，逆流而上，一经立秋即折回，沿岸渔户横河树木栅以堵截之，谓之"挡亮子"……其鱼不可胜计，盈河皆是，舟楫难行。④由于鱼的数量多，人们吃鱼以冰鲜为贵。在冬天的黑龙江，一斤冰

---

① 《光绪周庄镇志》卷一《物产》。
② 西清：《黑龙江外记》卷八。
③ 魏声和：《鸡林旧闻录》（二）。
④ 吴樵：《宽城随笔》，民国初年铅印本。

鲜鱼也就值廿余京钱。[①]

淡水鱼多，咸水鱼也多。"渔父携筠篮，追随者稚子。逐虾寻海舌，淘泥拾鸭嘴。细不遗蟹奴，牵连及鱼婢。"[②] 这是清代著名学者郝懿行描绘出来的一幅山东沿海人民拾取海产食品的图画，郝懿行所著《记海错》记有四十余种海产食品，其中鹿角菜、海菜、海蜇等海味，都是烹调佳品。[③]

福建是海产食品最为丰富的一个省份。明万历二十四年（1596）屠本畯《闽中海错疏》，就记载有"鳞部"165种，它们是：

鲤、黄尾、大姑、金鲤、鳢、鲫、金鲫、乌龟、金箍鱼、棘鬣、赤鬃、方头、乌颊、鲂、鲐、虎鲨、锯鲨、狗鲨、乌头、胡鲨、鲛鲨、剑鲨、乌髻、出入鲨、时鲨、帽鲨、黄鲨、吹鲨、鳣、鳟、鲳、斗底鲳、

---

① 徐宗亮：《黑龙江述略》卷六丛录。

② 郝懿行：《拾海错》，《清诗记事》，江苏古籍出版社，1989年版。

③ 张舟：《郝懿行及其拾海错》，《烹饪史话》，中国商业出版社，1986年版。

黄蜡樟、鮆、鳖、鲦、拨尾、鲻、草鱼、鲢、红鲢、乌鳢、黄鳢、鲋、鳅、鳊、江鳊、黄炙、石首、黄梅、鲌、鳝、土龙、地龙、鳗、状鳗、鳟、鲇、鲏、鱼、海鳅、鳅、泥鳅、鳅鱼、田鳝、比目、鲽鲨、过腊、乌鲗、柔鱼、墨斗、猴染、马鲛、嘉酥鱼、鳁、訓鲗、黄雀、青鲛、带鱼、带柳、章鱼、石拒、章举、塗婆、鲑、水母、黑魟、鲩魟、水盖、斑车、黄貂、弹涂、白颊、涂虱、栈鱼、白鳔、丁斑、鲂鲆、溪斑、重唇、叠甲、银鱼、面条、浆、白沫、鰔、钱串、海燕、飞鱼、白鱼、黄鱼、鰶、竹鱼、大面、镜鱼、圆眼、黄夛、黄墙、耍鱼、金鲐、寸金、火鱼、绯鱼、白刀、鳢、鲂、鲂、白泽、鲭鲲、鳙、鲤、枫叶、琵琶、鹿角、抱石、石伏、鲮鱼、土蜉、虫鲐、鲴、段鱼、鲏鱼、斗潮、虾魁、虾姑、白虾、草虾、梅虾、芦虾、稻虾、对虾、赤虾、塗苗、金钩子、海蜈蚣、鲮鲤、虾蟆、蟾蜍、大约、两蛤、石鳞、水鸡、尖嘴蛤、青约、青鲫、黄鲫。

"介部" 85种，它们是：

▲（明）文俶《金石昆虫草木状》中的各种鱼

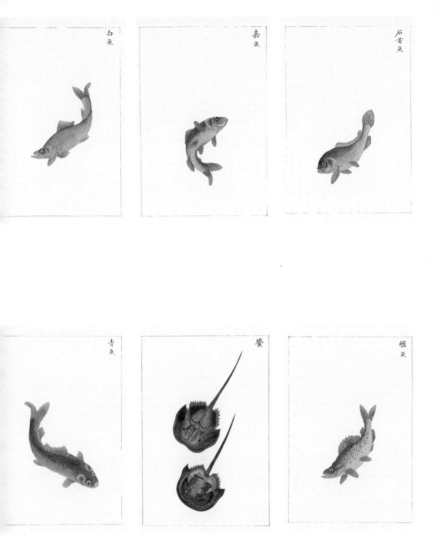

白魚

嘉魚

石首魚

青魚

鱟

鱸魚

龟、鳖、毛蟹、金钱蟹、石盐、蝤蛑、螃蜞、虎狮、桀步、海蟳、金蟳、虎蟳、芦禽、涂蜥、蠘、千人擘、珠蚶、丝蚶、蛤蜊、赤蛤、海红、螷蛜、蜞螷、沙蛤、红粟、文蛤、海蛤、沙虱、红绿、土铫、白蛤、车螯、螯白、蛎房、草鞋蛎、黄蛎、壳菜、沙箭、乌蛤、乌投、江珧柱、蟑、蛤青、蚬、翠翠、海月、石华、石帆、沙筋、泥笋、沙蚕、土钻、龟脚、蟶、老蟑牙、石磷、石决明、海胆、石楒、寄生、蛏、竹蛏、玉箸蛏、鲎、香螺、钿螺、紫背、鹦鹉螺、泥螺、米螺、田螺、溪螺、黄螺、红螺、蓼螺、梭尾、马蹄、指甲、江桡、鸲鹆螺、花螺、竹螺、油螺、莎螺、龙虱。

虽然这些只是福建沿海一区海产食物，但由于福建地处浙、粤之间，许多水产食物是共同的。正如屠氏在《闽中海错疏》序言中所说的那样："并海而东，与浙通波，遵海而南，与广接壤。其间彼有此无，十而二三耳。"

在福建海域内，我国四大海所产的大黄鱼、小黄鱼、带鱼和乌贼，海产珍品对虾和蟹，以及鲥鱼、鳓

▲（清）聂璜《海错图》里各种海物

鱼、鲦鱼等，也都游弋其间。甚至以前不见记载的一种名贵的金色小沙丁鱼——鳁，还有非闽所产而闽常见的海粉、燕窝两种海产食品，也都在《闽中海错疏》中得到了展示[1]，所以我们从一区域可以了解到当时国内大部鱼种的大概情况。

仅就明清鱼种而论，明代就已经十分丰富了，总体上讲，有283种之多[2]，而这不过是见于专门记载鱼类的著作中，散见于其他著作中的鱼类亦不在少数，特别是那些怪鱼如四川江中叫"鱼舅"的鱼，广东文昌县井中叫"鱼爷"的红顶巨鱼尚未算入。[3]

由于鱼多，价钱也就便宜。明末清初生活在浦东一隅的曾羽王，说他在明万历四十六七年（1618—1619）间亲尝的海味之盛：每请客必达十余品，最美的河豚才五六分钱一副，有种裙带鱼，每斤才三厘钱。[4] 清代东北齐齐哈尔地区的平民，则都以鱼当饭。

---

[1] 刘昌芝：《我国现存最早的水产动物志：〈闽中海错〉》，载《自然科学史研究》，1982（4）。

[2] 杨慎：《异鱼图赞》；胡世安：《异鱼图赞补、异鱼赞闰集》；黄省曾：《鱼经》。

[3] 王士禛：《池北偶谈》卷二十《鱼舅鱼爷》。

[4] 曾羽王：《乙酉笔记》旧抄本。

▲〔清〕佚名 杀鱼的小商贩 外销画

▲（18世纪）鱼 通草画

鱼旺时节，"户皆市鱼"。一官吏初到齐齐哈尔买一双重十余斤的鲤鱼，才用百钱。[1] 许多在明清之前值钱的鱼，像鲅鱼在宋代一条值千钱，在明代可以百条一串视为平常食物。[2]

明清的鱼之所以这样便宜，除了海域辽阔产鱼多外，主要依仗着种鱼养殖业。如明代广西横州城内，就有鱼塘360座，城外和乡村更是几倍于城内，大者种鱼四五千，小者亦不下千数。[3] 这一点在广东尤为明显。从明初开始，广东农业区域就出现了将一些地势低洼，水潦频盈的土地深挖为塘，将泥土覆于四周成基用来"畜鱼"的"鱼塘"。[4] 明代广东南海县的九江乡成立了专业的"鱼苗基地"，使"今人家池塘畜鱼，其种皆出九江，谓之鱼苗，或曰鱼秧。南至闽广北越淮泗，东至于海，无别种也"[5]。到了清代前期，南海县的养鱼池塘面积已占全县土地十分之

---

① 西清：《黑龙江外记》卷八。
② 焦竑：《焦氏笔乘》续集卷四《鲅鱼》。
③ 王济：《君子堂日洵手镜》，《说库》。
④ 叶显恩、谭棣华：《明清珠江三角洲农业商业化与圩市的发展》，载《广东社会科学》，1984（2）。
⑤ 陆深：《豫章漫抄摘录》，《纪录汇编》。

九。① 以至江西赣州、石城等养鱼业发达之地鱼苗也出自九江。②

由于养鱼具有投资小、成本低、用工少、见效快、收益大等特点，明清不独广东一省，其他各地也均以养鱼为首务。明代的湘江两岸"鱼厢鳞次"，数以千计，都是承流取子，将鱼苗卖向四方。③ 正是："山人不得饱，乃读致富书。致富多奇书，其一在种鱼。实鲩得千尾，畜之于水滁。"④

清代的一般农家，则凿塘蓄鱼，一劳永逸，"且养与祭便以供永需"，取之无穷，不可胜食⑤，而更多的情势是将养鱼纳入商业的轨道。如浙江山阴之陡豐春间出一种长不盈寸白如棉丝的小鳗，千万成群，蠕蠕沿河蠢动，名曰鳗线。"得之者便蓄水而售，价固昂而味实美。"⑥

———————————

① 《乾隆广州府志》卷十《风俗》。
② 《乾隆赣州府志》卷二《物产》；《乾隆石城府》卷三《物产》。
③ 《徐霞客游记》卷二《楚游日记》。
④ 《张岱诗文集》卷二《种鱼》。
⑤ 张宗法：《三农纪》卷二二《器物·蓄鱼》。
⑥ 秀芝轩主人：《酒阑灯灺谈》卷三。

▲（清）佚名 罩鱼 外销画

　　江南的某些县镇借地利之便，纷纷成立专门的鱼类批卖市场。像奉贤县青村镇、高桥镇居民全从事渔业行当，"海渔者得鱼，悉于此鬻"[1]。地处娄县与青浦县之间的沈港镇，则是"鱼梁虾市饶水族"[2]。清代北京，专有出卖鲫鱼、水蛇、对虾等的"鱼市"[3]。

①《正德金山卫志》卷一《镇市》。

②《乾隆娄县志》卷三《村镇》。

③ 伊兹勃兰特·伊台斯、亚当·勃兰德：《俄国使团使华笔记》，第十五章，商务印书馆，1980年版。

▲（清）佚名 买鱼 外销画

　　在足以使人目不暇接的鱼品中，明清人对鲥鱼特别钟爱。明弘治时有何景明为此感叹道："五月鲥鱼已至燕，荔枝卢橘未能先。"① 他指的虽是宫廷中食鱼之情，但已见鲥鱼是鱼中"上品"。有身份的人家把鲥鱼当成佳肴赠送贵客——

① 何景明：《鲥鱼》，《明诗别裁集》。

应伯爵对西门庆说："我还没谢的哥，昨日蒙哥送了那两尾好鲥鱼与我。送了一尾与家兄去。剩下一尾，对房下说，拿刀儿劈开，送了一段与小女；余者打成窄窄的块儿，拿他原旧红糟儿培着，再搅些香油，安放在一个磁罐内，留着我一早晚吃饭儿，或遇有个客人来儿，蒸恁一碟儿上去，也不任辜负了哥的盛情。"①

在以禁欲著称的寺院里，也有人以一尾鲥鱼乞求老衲赐语：食好不食好？老衲巧妙答应：须是进供过方可食。②

由于鲥鱼并不是处处都有，所以有的地方非常珍贵。清代江西唯南昌县河泊所才有，每当鲥鱼初出，千钱一尾，不是达官巨贾不得沾箸。有鲥鱼的地方则价钱不贵。③一般说来，人们认为海味中最佳者则有

---

① 兰陵笑笑生：《金瓶梅词话》第三四回，人民文学出版社，1985年版。
② 周晖：《续金陵琐事》卷上《鲥鱼转语》。
③ 包汝楫：《南中纪闻》,《砚云甲编》。

鲥鱼、河豚、黄鱼、鲍鱼。①

天下驰名的还有天津宝坻的银鱼，它自明代便为"都下所珍，北人称为面条鱼，形似东关鲙，贱而倍大，出海中蛤山下。秋深霜降后溯流而上，育子诸淀中，旧有夏雾淀，映日望之，波浪皆成银色。人每候其至网之，县因设银鱼厂，届期中官下厂督捕进贡"②宝坻银鱼以瓦窑头为最佳，有一王生，经常与人讲起，引得大文豪徐渭也不得不来求他："宝坻银鱼天下闻，瓦窑青脊始闻君。烦君自入蓑衣伴，尽我青钱买二斤。"③进入清代，宝坻银鱼更是脍炙人口。文人专为它作词赞颂。④苏州一带也有"银鱼"，它色白长寸许，细软如丝⑤，味道鲜美，尤宜做羹。⑥"银鱼"成为明清水产食品中颇受赞赏的话题。

在明清，鲜蟹也是人们较为喜爱的水产食物之

① 曾羽王:《乙酉笔记》，旧抄本。
② 蒋一葵:《长安客话》卷六《宝坻银鱼》。
③《徐渭集》卷十一《托王老买瓦窑头银鱼》。
④ 周悼然:《桂枝香·银鱼》，《清词综补续编》卷十。
⑤《道光震泽县志》卷二《物产》。
⑥ 汪栋:《银鱼赋序》，《道光平望志》卷十七。

▲（清）孙温 彩绘红楼梦第三十八回
讽和螃蟹咏

一。仅福建就有一二十种，形各不同，其味尽佳。[①]
沿海一带的鲜蟹为上乘之品，蟹在秋冬之交，沿江顺
流归海，以近海的苏州一带最盛。有大而色黄、壳软
的"太湖蟹"[②]，常熟潭塘的"金瓜蟹"[③]，出于昆山蔚
州村的、大而肥美的"蔚迟蟹"[④]，味胜于太湖、大而
充实的"庞山湖蟹"[⑤]……明清时期非常盛行吃鲜蟹，
用鲜蟹赠亲友成为惯习。[⑥]

明清之际，有许多过去朝代不被人们所重视或
食用的水产食品，被人们发现派上用场。如清代浙江
距温州府城数十里的永嘉滨海斥卤地，出一种似鳗鱼
物，无头无足，色青，质嫩，似小鲍鱼，又似无刺
小海参。据当地人说此物腹中具腑脏，须尽剔去，制
食脆美，为比之海参，此物唤"土参"。在宴会上，
许多来自滨海的客人，不但对此物未入口也未闻其
名。他们携回家乡求人鉴别也不能识，梁章钜认为此

---

① 许旭：《闽中纪略》，《昭代丛书》。
②《乾隆吴县志》卷二二《物产》。
③《乾隆常昭合志》卷三《物产》。
④《嘉靖昆山县志》卷一《物产》。
⑤《嘉庆同里志》卷七《物产》。
⑥ 钱学纶：《语新》卷上。

物为《海错志》所不收。①

此外，海参、海带、石花菜等水产食品，也被人们普遍食用。人们还发掘了新的水产食品，奉为佳肴。像在东北地区那种生于江边浅水处石子下者，下半身似蟹，下截似虾，长二三寸，亦鲜美可食的"哈什马"（蛖咕），还被清朝统治者充为太庙祭物。② 不仅当地人民对这种类似"田鸡"的食物非常爱吃，京城里也很重视③，尤其是吉林东南长白山系溪谷中盛有的那种遍体光滑、两肋肥脊莹白的蛤蟆，甚至南方都来贩运，用为食品。④

正是这些个别的、散布于各地的水产食物，似一笔一画汇成了明清水产食物异乎寻常的广阔景观。

---

① 梁章钜：《浪迹三谈》卷五《土参》。
② 吴振臣：《宁古塔记略》，《渐学庐丛书》；冯一鹏：《塞外杂识》，《指海》第十八集。
③ 西清：《黑龙江外记》卷八。
④ 魏声和：《鸡林旧闻录》二。

茶

明清时期的茶叶，无论产地和品种，还是制作技术和销售市场，都似滚滚向前的江河，涌进狭窄的河床，陡涨澎湃起来。放眼望去，"入山作茶者数十万人，茶客收买，运于各处，每盈路，可谓大钱粮矣"（檀萃：《滇海虞衡志》卷十一），已非个别一地现象。这是因为国内饮茶之人成倍增加，国外对中国茶叶迫切需求，使茶叶日益商品化。过去从不产茶或产茶不多的地区都出现了寻觅茶叶和种茶为业的记录。

在明清的版图上，茶叶分布的省、区，已从15个省、区，扩展到26个省、区，它们是：黑龙江、吉林、辽宁、内蒙古、河北、山东、河南、山西、陕西、甘肃、青海、新疆、四川、云南、贵州、湖北、湖南、江西、安徽、江苏、浙江、福建、台湾、广东、海南、广西。产茶之县较出名的多达五百多个。（明为两京十三司总称十五省，清分二十七区，内地十八省。参谭其骧：《简明中国历史地图集》，中国地图出版社，1991年版。庄晚芳：《中国茶史散论》四，科学出版社，1991年版）

在明清之际，绿茶、红茶、花茶、白茶、乌龙茶、紧压茶基本成型。对茶叶的品饮、用水的研究和提倡，蔚然成风。仅着重于制茶工艺、品质和诠释茶叶的专著，就有39部之多。人们摒弃了自宋以来煎茶品饮的方式，而改为先投茶入杯，冲上少许开水，稍候片刻，再倾满开水的冲泡品饮的方式，这使茶叶的色、香、味、形更加讲究。

明清时期，除了黑龙江、辽宁、吉林、河北、内蒙古、新疆、青海多依靠外地运销的茶叶，或间有一些本地所产的"山茶""土茶"外，像山东、甘肃、山西等，一向无茶的县也有了用桑柳等"野茶"代茶的动作。其间有的是由于炮制不良，未能畅销，但这毕竟使寸茶不产之地的人民，开始怡然自得地享用着从未品尝过的山野间传来的芳馨……

明清的茶叶格局基本沿着宋元以来所形成的格局向前拓展，主要产茶区域仍为黄河及秦岭以南的省区，它们是河南、陕西、四川、云南、贵州、湖北、湖南、江西、安徽、江苏、浙江、福建、台湾、广东、海南、广西等。

在这16个省区里，可以说几乎到了无县不产茶的地步。有的县，人们的生计，多半依靠茶叶。① 民

① 《乾隆河源县志》卷之十一《风俗·物产》。

▲（清）年画 采茶春牛图

家僧舍，种植成园，用此致富，[①] 或恃茶叶为富；[②] 有的县则将茶叶放在了"土产"的第一位，[③] 其因就是茶叶已纳入了商业运行的轨道，发展速度越来越快。

明代戏剧中就出现了腰缠万贯、专门收购茶叶的商人形象，他自称："引带三千来顾渚，凤团雀舌龙陂茶。仙芽瑞草敷春花，阴林阳谷恣收采，羽经晖赋真非夸。"[④] 这种表白使人不仅看到茶叶商人的财大气粗，而且仅顾渚一地就有这么多茶叶品种，真是令人感叹。

特别是那些占风水之胜的茶品，像端州百云山，其顶有湖，湖与山相接，故出云独奇，山上绝壁的莳茶，采摘不过一石多，价钱可值百金。[⑤]《金瓶梅词话》中的应伯爵就曾吟咏了一首《朝天子》，单道他们所饮的一种香味四溢的"盐笋芝麻木樨泡茶"的名贵：

---

① 《乾隆丹棱县志》卷五《物产》。
② 《嘉庆眉州属志》卷二《山川》。
③ 《光绪黔南识略》卷十五《土产·天柱县黄平州》。
④ 顾大典：《青衫记》第十七出《茶客访兴》。
⑤ 吴陈琰：《旷园杂志》卷上。

这细茶的嫩芽，生长在春风下，不揪不采叶儿楂，但煮着颜色大，绝品清奇，难描难画，口儿里常时呷，醉了时想他，醒来时爱他，原来一篓儿千金价。

这真是一语道破天机，应伯爵之所以唱出醉了、醒了都想这茶叶，主要是因为此茶的名贵。

的确，明清茶叶生产之所以兴盛，主要是茶叶的商品性在起作用。从对外贸易角度看，从明永乐设"茶马御史"以来，茶叶逐渐成为销往海外的大宗商品，乾隆四十九年（1784），输入荷兰一国的茶叶就达350万磅。[①] 清代台湾一地，在所有土产出口商品中，茶叶是占首位的。[②]

从国内看，以茶叶多产的安徽为例，每逢春末采茶时节，"男妇错杂，歌声满谷，日夜力作不休，富商大贾，骑从布野，倾囊以质，百货骈集，开市

---

① 陈椽：《茶叶通史》，第十四章，农业出版社，1984年版。
② 佚名：《台游笔记》，《小方壶斋舆地丛钞》。

列肆，亦山中盛事"①。采摘下的茶叶，立即被商贾收购，转销于各地市场。像歙县的商人贩茶，则北达燕京，南及广粤，获利颇巨。②

湖北一县志则绘声绘色描绘出了茶叶进入商业流通领域的生动场面：

龙泉山产茶味美，见《方舆要览》。今四山俱种，山民藉以为业。往年茶皆山西商客买于蒲邑之羊楼洞，延及邑西沙坪。其制，采粗叶入锅，用火炒，置布袋揉成，收者贮用竹篓，稍粗者入甑蒸软，用稍细之叶洒面，压成茶砖，贮以竹箱，出西北口外卖之，名黑茶。道光季年，粤商买茶，其制，采细叶暴日中揉之，不用火炒，雨天用炭烘干，收者碎成末，贮以枫柳木作箱，内包锡皮，往外洋卖之，名红茶。箱皆用印，锡以嘉名。茶出山则香，俗呼离乡草。凡出茶者为园户，寓商者为茶行……自海客入

◀（明）陈洪绶 品茗图

———————————

① 《嘉庆霍山县志·产地》。
② 江登云、江绍莲：《橙阳散志·风俗》。

山，城乡茶市牙侩日增，同郡邻省相近州县，各处贩客云集，舟车肩挑，水陆如织。木工、锡工、竹工、漆工，筛茶之男工，拣茶之女工，日夜歌笑市中，声成雷，汗成雨……①

国内外数量巨大的商业性茶叶的流通，促使着新发现、新开发的茶品层出不穷，过去已有的茶品也更加传闻四方，著名的茶品犹如浩瀚天宇中的星群，熠熠闪烁，它们主要有：

苏州的虎丘天池，常州的阳羡，湖州的顾渚、紫笋，峡州的碧涧明月，南剑的蒙顶石花，建州的北苑先春、龙焙，洪州的西山白露鹤岭，睦州鸠坑，东川兽目，绵州松岭，福州柏岩，雅州露芽，南康云居，婺州的举岩碧乳，宣城的阳坡横纹，饶池的仙芝、福合、禄合、莲合、庆合，寿州的霍山黄牙，邛州的火井思安，渠江的薄片，巴东的真香，蜀州的雀舌、鸟嘴、片甲、蝉翼，潭州的独行、灵草，彭州的仙崖、石苍，临江玉津，袁州金片、绿英，龙安骑火，涪

---

① 《同治崇阳县志》卷四《物产》。

▲〔清〕佚名 中国茶庄 水粉画

州宾化，黔阳的都濡、高枝，泸州的纳溪、梅岭，建安的青凤髓、石岩白，岳州的黄翎毛、金膏冷……①

此外，还有仙人掌茶、西山茶、渠江茶、绍兴茶、凤亭茶、温山茶、界桥茶、白露茶、牛杭岭茶、举岩茶、鹤岭茶、铁色茶、衡山茶、丹棱茶、晶合茶、青阳茶、广德茶、莱阳茶、海州茶、罗山茶、西乡茶、城固茶、石泉茶、龙坡山子茶、方山茶、严州茶、台州茶、紫清茶、香城茶、饶州茶、南康茶、九江茶、吉安茶、崇阳茶、嘉鱼茶、蒲圻茶、沙溪茶、蕲茶、荆州茶、施州茶、横纹茶、嫩绿茶、新添茶、平越茶、朝鲜茶、巴条茶、南川茶、黔江茶、彭水茶、武隆茶、丰都茶、感通茶、峨眉茶、乌蒙茶、芒部茶、播州茶、永宁茶、天全茶、建始茶、开茶、武夷茶、南平茶、泰宁茶、阳宗茶、广西茶、金齿茶、湾甸茶、白马茶、毛茶、真香茶、南木茶、骞林茶、采春茶、次春茶。②

▶（明）陈洪绶 停琴品茗图

---

① 张谦德：《茶经》上编《论茶》。
② 黄一正：《事物绀珠》中的《茶类》。

这些茶品，仅为较出名者。它们并非完全是明清时期才有的，有不少是明清以前就有，只不过那时还不够显著。如广西桂平的"西山茶"，始于唐代，那时名声不大，至明朝才声名大噪。如四川的"蒙顶茶"，其源可追溯到汉代，到了明朝，蒙山最高峰上清峰所产茶叶入贡京城仅一钱多一点。[①] 清代，蒙顶茶为四川方物之一，每年进贡，知县岁以贡余蒙顶茶赠给省中大吏一瓶，蒙山上清峰所产茶叶只一叶，[②] 足见其珍贵。蒙顶茶由此才越发显赫起来。又如洞庭湖中的"君山银针"，也始于唐代，清代纳为"贡茶"，名望逐渐扩大。自唐代始，顾渚紫笋茶就被奉为贡品，明代则又以每年定额 32 斤上贡给朱元璋专饮，[③] 从而使紫笋茶的声誉达到巅峰状态。

明清茶品另一特点是因其众多，一时难分高下。如安徽虽首推休宁的"松萝茶"，但实不止松萝茶。黄山有"云雾茶"，产高峰绝顶，烟云荡漾，雾露

---

① 王士禛：《陇蜀余闻》《说铃》。

② 吴庆坻：《蕉廊脞录》卷八《蒙顶茶》。

③ 陈继儒：《妮古录》卷一。

滋培，茶树有百年以上的历史，气息恬雅，芳香扑鼻，绝无俗味，亦可推为茶品第一。又有一种"翠雨茶"，也产于黄山，托根幽壑，色绿味浓，香气比云雾稍减，但轶出松萝一头。[1] 其他有名茶品之间，类似情况就更多。

在明清茶品中，新崛起突出者有"滇茶"，有"山茶有数种，而滇茶第一"的说法。[2] 明末，当江南及四川地区名茶迭现的时候，滇茶仅有少数篇章记述，其制法因粗糙而未列为佳品。进入清代，内地的煎、炒、烘焙技术传入云南，滇茶固有的优良品质得到较好的发挥，加上商贩云集，滇茶年产量最高时可达八万担之多。清中叶后，滇茶通过各种渠道进入其他省份，并逐渐畅销国外市场。[3]

"滇茶"中比较盛行的是叶面肉厚肥硕、芽头并露、香味浓郁的"普洱茶"。它名遍天下，味最酽，

① 江登云：《素壶便录》卷下。
②《嘉庆邛州直隶州志》卷二十三《物产》。
③ 陈一石、陈泛舟：《清代滇茶业述略》，载《西南民族学院学报》，1989（3）。

京城尤重。[①]"此滇之所以为产而资利赖者也。"[②] 珍品有毛尖、芽茶、女儿茶等。

"毛尖"即雨前所采者，不作团，味淡香像荷花，色嫩绿可爱。"芽茶"较毛尖稍壮，采治成团，一般以二两、四两为准。"女儿茶"则是芽茶的另一种，在谷雨后采摘，以一斤至十斤为一团。因为此茶多是年轻女性采治，然后将此茶卖了积为嫁妆钱，所以得了个"女儿茶"名。[③]

"滇茶"中还有一种"顺宁茶"，味薄清淡，甘香溢齿。有人认为滇茶中属顺宁茶为第一，普洱茶味沉，可疗疾，但不适宜清饮。[④] 总起来看，滇茶之所以受到欢迎，是因为它醒酒第一，消食化痰，清胃生津，功力尤大；去积滞，散风寒，最为有益；煎熬饮之，味极浓厚，较他茶优越。

明清茶品的不断涌现，除了在唐宋茶叶基础上继续发展的时间因素，产制方法是在其中起着重要作用

---

① 《道光云南通志稿》卷七十《食货志六之四·物产·四》。
② 《光绪滇系》卷四《赋产》。
③ 张泓：《滇南新语·滇茶》。
④ 王昶：《滇行日录·春融堂集》。

炒茶　preparent folia Thea

▲（清）佚名 炒茶 外销画

的。明清已普遍将饼茶改为叶茶，蒸青改为炒青。如安徽繁昌县有浮丘山，每年茶产量可达数千钟，清道光后当地居民得"炒青"烘焙法，使浮丘山茶品味清美，不在松萝、龙井之下。其利也尽布四方。[①]

这种"炒青"法，是每年在立夏前三四日采取嫩叶，投锅匀炒，用扇子扇，去掉热湿气，待略干，置箕上，揉使圆转，俾成细卷"茶胚"。有摆风吹爽的湿胚，有向日晾晒的晒胚，少顷再入锅，爇以火，慢慢使熨干，以嫩青为度，泡时翠绿可人。[②] 这种炒青绿茶制法——高温杀青，揉捻，复炒，烘焙至干，至今仍为茶界所遵循。

炒青使茶叶花色越来越多，如珠茶、瓜片等名茶相继出现，较为突出者如"碧螺春"，它产自江苏太湖洞庭东山，外形细嫩卷曲，色泽绿褐，蒙被白毛，汤色澄澈，味香甘甜。据王应奎说：

洞庭东山碧螺峰石壁产野茶数株，每岁土人持竹筐采归，以供日用，历数十年如是，未见其异也。康

---

① 《道光繁昌县志》卷二《碧螺春》。
② 《黟县四志》卷三《物产》。

熙某年，按候以采，而其叶较多，筐不胜贮，因置怀间，茶得热气，异香忽发，采茶者争呼"吓杀人香"。"吓杀人"者，吴中方言也，因遂以名是茶云。自是以后，每值采茶，士人男女长幼务必沐浴更衣，尽室而往，贮不用筐，悉置怀间。而士人朱元正，独精制法，出自其家，尤称妙品，每斤价值三两。己卯岁，车驾幸太湖，宋公购此茶以进，上以其名不雅，题之曰"碧螺春"。自是地方大吏岁必采办。[①]

其实，这只不过是种传说而已。"碧螺春"之所以成为著名茶品，主要是其制法的炒揉兼并，使杀青、炒揉、搓团、焙干几道工序融入一锅而成。人们赞不绝口的"碧螺春"的卷曲外形，就是由于制茶者在锅温约40℃时，边炒边搓团。搓团，将锅中茶条捞起一部分握于手心中，两手搓转，搓成茶团置于锅中焙烤，依次搓完锅中茶条，再将搓成的茶团依次一一复搓，搓至条形卷曲。

在炒青绿茶制造过程中，有时火温掌握不当或处

---

① 王应奎：《柳南续笔》卷二《碧螺春》。

拣茶　　　　　　　　晒茶

筛茶　　　　　　　　　　　熏茶

▲（清）佚名 茶景全图

理不及时，都会使叶子变黄，因此黄茶的产生可能由此而来。而黑茶也是由绿茶生产演变的，或是绿茶制造时，火温低，叶色变深褐，或以绿毛茶堆积发酵，沤成黑色，所以黑茶始于明代的可能性也较大。①

按现代茶叶分类，真正白茶，应指明代产生的"日晒茶"。明代孙大绶《茶谱外集》就曾记载："茶有宜以日晒者，青翠香洁，胜于火炒。"明人也提出过"茶色贵白"的见解。②但白茶为人民所重视，当起于清代。③

乌龙茶则产于明清时期福建与江西相邻边界的武夷山，其周围百二十里，皆可种茶。"茶性他产多寒，此独性温。其品分岩茶、洲茶。在山者为岩，上品；在麓者为洲，次之，香味清浊不同，故以此为别。"④

武夷茶要经过晒、炒、焙三个工艺过程，其岩茶加工方法是："茶采而摊，摊而摝，香气发越即炒，过时不及皆不可，既炒既焙，复拣去其中老叶枝蒂，

---

① 黄、黑茶记载，见《明会典》三十七卷《茶课》。
② 何乔远：《闽书》，明末刻本。
③ 张星焕：《皖游记闻》，《中国茶叶历史资料选辑》本。
④ 董天工：《武夷山志》，方志出版社，1997年版。

使之一色。"① 武夷岩茶采制与现行乌龙茶各色品种的采制基本一致，于此可见，红茶最早也是产于福建崇安武夷山范围之内②，17 世纪发展为"工夫红茶"。③

花茶兴起于明代④。花茶的范围很广，蔷薇、兰蕙、橘花、栀子、木香、梅花、茉莉、玫瑰、木樨皆可作茶。⑤ 其做法有"熏香茶法"，即当花盛开时，用纸糊竹笼两隔，上层置茶，下层置花，宜密封固，经宿开，换旧花，如此数日，香味自来。⑥ 另一种是以茉莉花用半杯热水放冷，铺一层竹纸，上穿数孔，晚时，采初开茉莉花缀于孔内，用纸封不会泄气，第二天早晨取花簪之，水香可以点茶。⑦

较为普遍的制法是："诸花开时，摘其半含半放蕊之香气全者。量其茶叶多少，摘花为茶，花多则太

① 佚名：《王草堂茶说》，中国茶叶历史资料选辑本。
② 陈椽：《中国名茶研究选集》，安徽农学院出版社，1985年版。
③《随见录》，据清代陆燨《续茶经》引。
④ 茶叶中加香料源出于宋，但宋代所加香料不当，不适于茶，废止不用。明代才又有茶加花料的饮法。
⑤ 陈淏子：《花镜》卷三《花木类考·茶》。
⑥ 朱权：《茶谱》，中华书局，2012年版。
⑦ 屠隆：《茶说·熏香茶法》。

香而脱茶韵，花少则不香而不尽美，三停茶叶一停花始称，假如木樨花，须去其枝蒂及尘垢虫蚁，用瓷罐一层茶一层花投间至满。纸箬系固，入锅重汤煮之，取出待冷，用纸封裹，置火上焙干收用。诸花仿此。"[1] 花茶制法的多样性，是人们对茶品需求多样性的一种反映。

茶叶的空前丰盛，必然带来品饮的高涨。大大小小的茶馆犹如星罗棋布，于明清时期就是一个突出的标志。在南京一地，茶馆竟有"一千余处。不论你走到一个僻巷里面，总有一个地方悬着灯笼卖茶，插着时鲜花朵，烹着上好的雨水，茶馆里坐满了吃茶的人"。[2] 在县城，像太仓县只东西二里，南北里的璜泾镇上，也有茶馆近百家[3]。嘉兴的新胜镇有茶馆八十家，最少的新篁镇上有茶馆四十家。[4]

茶馆众多，吸引人处无非有精通茶道的茶博士

---

① 钱椿年：《茶谱·制茶诸法》。

② 吴敬梓：《儒林外史》，第二十回，上海古籍出版社，1984年版。

③《道光璜泾志》卷一《流习》。

④《嘉兴新志》上编。

▲（清）佚名 茶馆送水车 外销画

操持：

开设茶坊，声明满四方，煎茶得法，非咱胡调谎，官员来往，招接日夜忙，卢仝陆羽，也来此处尝，也来此处尝。自家生居柳市，业在茶坊，器皿精奇，铺排洒落，招接的都是十洲三岛客，应付的俱是四海五湖宾，来千去万。①

---

① 范受益：《寻亲记》第三十三出《惩恶》。

雨面　進筹　白覽　龍井　芽火

惡閻王誑請相面

还有精美的茶食，即使在县城里的茶馆，香茶、香汤、茶果，无不备有，而且"所用茶汤，皆以细茶芽合香料为饼，或茶磨，茶碾或臼为末，箩过，投于茶铛中，三沸三点，仍用竹箸筅搅之令匀。色香味三者俱足，则以盘盛碟，市茶食、茶果，或八碟、十碟，供客啜茶"。①

基于如此广泛而普遍的饮茶基础，明清品茶家脱颖而出，开始了历史性的总结。他们对自己所处的时代茶叶成就是那么的自信，清人公开提出："大都古茶不及今茶之精妙。"②他们在各个方面都对前人的茶叶品饮提出了自己的见解，采取了一种批评态度——"碾造愈工，茶性愈失""曾不若今人止精于炒焙，不损本真"。③

明人比较明以前茶品，认为：昔以蒸碾为工，今以炒制为工，而色之鲜白，味之隽永，古所不及④。

◀ （清）《施公案》中的茶馆

---

① 《雍正慈溪县志》卷六《旧景》。
② 余怀：《东山谈苑》卷七。
③ 罗廪：《茶解·茶论》。
④ 陈仁锡：《潜确类书·东川兽目》。

沈德符则认为：饮茶的清洁无过于明代，讲究既备，烹沦有时，且采焙俱用芽柯，无碾造之劳，而真味毕现，盖始于明朝。他们中的人甚至讥笑古人道：茶自有真香、真色、真味，倘用甜咸等物和鲜果并入，便失掉真，这是因为茶中不能容杂物，唐宋人加以龙团凤饼等名目，太可笑了。①

他们自有一套认为可以超越前人品饮成就的理论，在他们看来，品饮好茶，必须严格遵守"择水""洗茶""候汤""择品"，为使茶叶品饮好，则又必须注意"点茶"所要的"三要"，即一涤器，二煨盏，三择果。②

明人将"择水"放在品饮的第一位。徐献恩专著《水品》一书，虽被认为"一时兴到之言"，但见明人对饮茶用水的重视。他的观点是继陆羽提出水与饮茶的论点的延续，应该说也有一定的进展。

《金瓶梅词话》中的吴月娘，在大雪夜，"教小玉拿着茶罐，亲自扫雪，烹江南凤团雀舌芽茶，与

---

① 沈长卿：《沈氏日旦·杂则失真》。
② 钱椿年：《茶谱》中的《煎茶四要》《点茶三要》。

众人吃"①，《红楼梦》中的妙玉向贾母献上的"老君眉"，也是"收梅花上的雪"，埋在地下化为水后沏茶的。②明清之所以盛行"以梅花雪煮茶，味极香美"的论调，③就是它能把好茶的色、香、味、意充分体现出来。

古时没有空气污染，雪在降落过程中未受到污染，故水质洁净。若在洁净之余，又有某种特殊的质地或神奇的来历以助茶的色、香、味及饮茶的情趣，更为上品。雪为结晶水，杂质少，梅花雪水，吸收了梅花的香气，且易使人想起雪中红梅的美好形象，故用梅花雪水沏茶，自可使人进入一种高妙的意境。④

还有人提出沏茶采天然泉水为佳。如"访两山之水，以虎跑泉为上，芳洌甘腴，极可贵重"。认为龙井、珍珠、锡丈、韬光、幽淙、灵峰，皆有佳泉，堪供汲煮，及诸山溪涧澄流，并可斟酌。但若被污染就

① 兰陵笑笑生：《金瓶梅词话》，第二一回，人民文学出版社，1985年版。
② 曹雪芹、高鹗：《红楼梦》，第四一回，人民文学出版社，1982年版。
③ 倪鸿：《桐阴清话》卷五。
④ 蒋蓉蓉：《红楼香茶谈》，载《中国茶叶》，1979（4）。

▲（清）钱慧安 烹茶洗砚图

不行了，如虎林玉泉水，则被"纸局"坏掉了。①

如今，许多茶学研究者根据物理和化学的方法，透过各地提供的水源，去寻找宜茶用水，均以虎跑泉为第一；又用虎跑泉水、自来水等泡茶，按茶汤色、香、味作为评分标准，结果也以虎跑泉为第一。其因是虎跑泉地处杭州西湖与钱塘江之间的群山环抱之处，四周是"重重叠叠山"，它们多由透水性较好而又难溶于水的砂岩构成：山上是"高高下下树"，雨水在绿色草木的调节下，慢慢渗透到岩层间隙，形成"叮叮咚咚水"，聚集于虎跑泉中，使虎跑泉水清澈明亮，还富有多种营养成分。

泉水多源出山岩壑谷，或潜埋地层深处，流出地面的泉水，经过多次渗透过滤，清澈如镜，洁净甘冽，同时吸收了部分二氧化碳和诸多矿质元素，如钾、钠、锌、镁等，有的还吸收了具有多种药理作用的稀有元素氡，用这种水泡茶，汤色晶莹，滋味甘厚，香气醇正，名茶良水，相得益彰。②

---

① 许次纾：《茶疏·虎林水》。
② 姚国坤等：《中国茶文化》，三，上海文化出版社，1991年版。

从以上例证可以看出：品茶须有好茶好水相互配合，缺一不可。明清时期的人们已经深深懂得并恰到好处运用了这一点。清代小说就透露出这样的品茗之道：

> 子平连声诺诺，却端起茶碗，呷了一口，觉得清爽异常，咽下喉去，觉得一直清到胃脘里，那舌根左右，津液汩汩价翻上来，又香又甜，连喝两口，似乎那香气又从口中反窜到鼻子上去，说不出来的好受，问道："这是什么茶叶？为何这么好吃？"女子道："茶叶也无甚出奇，不过本山上出的野茶，所以味是厚的。却亏了这水，是汲的东山顶上的泉，泉水的味，愈高愈美。又是松花作柴，沙瓶煎的。三合其美，所以好了。尊处吃的都是外间卖的茶叶，无非种茶，其味必薄；又加以水火俱不得法，味道自然差的。"[1]

在明清时期，像这样善用水品茶家是不乏其人

---

[1] 刘鹗：《老残游记》，第九回，人民文学出版社，1957年版。

▲（明）唐寅 烹茶图

的，他们追根溯源，身体力行，总结出系统理论来。除认为品饮应着眼于水，还主要着眼于"真"上。在他们看来，茶的"真"，乃是香、色、味，首要在"香"上，所谓"抖擞精神，病魔敛迹，曰真香。清馥逼人，沁入肌髓，曰奇香。不生不熟，闻者不置，曰新香。恬淡自得，无臭可论，曰清香"。①

他们还能品饮出茶叶的不同味道，如认为：松萝茶香重，六安茶味苦但香与松萝茶同，天池茶有草莱气，龙井茶也是这样。云雾茶则色重味浓，虎丘茶色白而香……② 要达到如此境界，显然又是和冲泡方式分不开的。众所周知，茶叶的冲泡方式在明代有了根本性的变化。其主要一点是陈师所说："杭俗用细茗置瓯，以沸汤点之，名曰撮泡。"③ 这就是我们现在常用的茶叶冲泡的饮茶方法。

这一饮法，不但简单方便，而且使人更能领略茶叶的风味，享受饮茶的真趣。它可以最大限度地满

---

① 程用宾：《茶录·品真》。
② 熊明遇：《罗岕茶记》，《说郛续》卷三十七。
③ 陈师：《茶考》。

足人们的视觉审美需要，冲泡茶叶时，可见杯中轻雾缥缈，氤氲腾升；色彩变幻，浅深纷呈；茶芽朵朵，或旗枪变错，或上下沉浮，视之令人心旷神怡，陶然自得。当然，沸水冲泡绝不仅限外观一点，而是它打开了品饮的一个新境界。

据现代科学研究证明，不同茶类不同等级的茶叶，因泡水量不同，水的温度不同，浸出的化学成分不同，茶的风味就有很大差异。茶叶中约有四百种化学成分，如茶多酚、咖啡碱、蛋白质、氨基酸、果胶质、糖类、色素、维生素和芳香物质等，是构成茶叶色、香、味的主要成分。一杯理想的茶汤，既要茶叶中的水溶性有效成分充分浸出，又要有各种成分的适当协调。

所谓协调，是指茶汤中的儿茶素和氨基酸等有效成分的比例要恰当。儿茶素既苦涩又爽口，氨基酸鲜中带甜，这两种成分浸出的多少与水温高低关系极大。以绿茶为例，茶汤的苦味、涩味和鲜味、甜味调和适当，则味浓甘鲜，汤色清明；调和不当，苦涩不爽，或滋味淡薄，汤色不美。因此，要得到浓醇鲜

▲（明）崔子忠 杏园夜宴图中的品茶

爽的茶汤，应讲究各种茶叶的冲泡方法。[1]

明清茶叶品饮家是深谙此道的，比如他们主张饮茶时冲泡："只堪再巡，初巡鲜美，再则甘醇，三巡意欲尽矣。"[2] 这句话说得入木三分。据研究，一般头泡茶汤中，茶叶中可溶于水的物质已有55%左右浸出，这种可溶于水的物质，用茶叶界的行话来说，叫"水浸出物"。头泡茶的水浸出物主要是咖啡碱、维生素C和氨基酸，所以"初巡鲜美"；二泡茶汤中的水浸出物含量只占总数的30%左右，主要成分为茶多酚，怪不得"再则甘醇"；三泡茶汤中水浸出物的含量只占10%左右，自然是"三巡意欲尽矣"[3]。

明清茶叶家的品饮工夫更是非常讲究。他们主张："茶须徐啜，若一吸而尽，连进数杯，全不辨味，何异庸作。"[4] 这一理论的代表作首推清代南方的

[1] 庄晚芳等:《饮茶漫话》，六，中国财政经济出版社，1981年版。
[2] 许次纾:《茶疏·饮啜》。
[3] 程启坤等:《饮茶的科学》，五，上海科学技术出版社，1987年版。
[4] 罗廪:《茶解·品》。

煎茶

"工夫茶"①，其品饮自成一格。"先将泉水贮铛，用细炭煎至初沸，投闽茶于壶内冲之；盖定，复遍浇其上；然后斟而细呷之，气味芳烈，较嚼梅花更为清绝，非拇战轰饮者得领其风味。"②

"工夫茶"的品饮是相当细腻的，如它选择的杯、壶均小如胡桃、香橼，每斟无一两，上口也不噱咽，而是先嗅其香，再试其味，徐徐咀嚼加以体贴，待舌有余干，再饮一二杯，以解躁平矜，怡情悦性。③

品饮"工夫茶"的程序一般可归纳为"十法"，即活火、虾须水、烫盏、热罐、捡茶、装茶、高冲、低筛、刮沫、淋顶。④如烫盏、热罐、淋顶：当砂铫中发出有若松涛之声时，即应提起砂铫，淋罐烫杯，

◄（明）王文衡 煎茶图

---

① 施可斋：《闽杂记》中"漳泉各属俗尚工夫茶"；张心泰：《粤游小记》中"潮郡尤嗜茶，大抵色、香、味三者兼备，其曰工夫茶"；连横：《雅堂文集》中"记台湾品茶与泉、漳、湘相同，也是茗必武夷，壶必孟臣，杯必若深，三者为品茶之要"。

② 俞蛟：《梦厂杂著》卷十《潮嘉风月·工夫茶》。

③ 袁枚：《随园食单·茶》。

④ 林英乔：《泉州茶文化》，载《农业考古》，1991（4）。

使杯罐受热升温，有消毒杀菌作用。待壶盖好后，即以热汤从壶顶淋壶，以去其沫，同时还可起壶外加热的作用。又如低筛：必须来来去去，各杯轮匀，使各杯浓淡色泽一致，又须把茶汤高高筛出，均匀点到各杯上，俗称"关公巡城，韩信点兵"。

在品饮时，人各一杯，香味齐到，有人饮后还三嗅杯底，以闻其香，有的在品饮前，自远至近，闻香数次，然后再饮，饮时徐徐咀嚼，以甘泽润喉。这样的品饮是很有特点的。它应视作明清茶叶品饮园圃中的一朵奇葩。正像日本学者指出的那样，中国虽然没有对茶叶进行过化学分析，但很早就确知茶叶的功效，并很善于加以利用。[1]明清"工夫茶"的品饮可以算是这样的一个范例。

明清时期，人们还总结出一整套品饮茶的益害的理论。他们认为：茶食之能利大肠，去积热，化痰下气，醒睡解酒消食，除烦去腻，助兴爽神，得春

---

[1] 陈东达：《饮茶纵横谈》，第一章，中国商业出版社，1987年版。

▲（清）吕学 茗情琴艺图卷之二

阳之首，占万木之魁。① 人饮真茶，能止渴消食，除痰少睡，利水道。明目益思，除烦去腻，人固不可一日无茶，然或有忌而不饮，每食已，辄以浓茶漱口，烦腻既去，而脾胃自清。凡肉之在齿间者，得茶漱涤之，乃尽消缩，不觉脱去，不烦剌挑。②

但是也有人认为茶叶久食会使人瘦，去人脂，使人不睡，饮之宜热，冷则聚痰，与榧同食，令人身重，大渴及酒后饮茶，水入肾经，令人腰脚膀胱冷痛，兼患水肿挛痹诸疾。③

总体看，饮茶有益的理论还是占上风，这是由明清品茶者的长期实践所决定的。人们已开始把品茶解渴满足于一般生理需要，升华到满足精神愉悦的高层次，品饮方式蕴含很高的文化价值。王兆云的《煎茶七类》，明确提出"一人品""二品泉""三烹点""四尝茶""五茶候""六茶侣""七茶勋"。

其中"凉台静室，明窗曲几，僧寮道院，松风

① 朱权：《茶谱·序》。
② 钱椿年：《茶谱·茶效》。
③ 沈李龙：《食物本草会纂》。

▲（明）仇英 人物故事图·竹院品古

竹月，晏坐行吟，清潭把卷"的品饮环境，"翰卿墨客，缁流羽士，逸老散人，或轩冕之徒，超轶世味"的品饮人选，"除烦雪滞，涤醒破睡，谭渴书倦"的品饮界定，在很大程度上都是文人品饮方式的写照。

大文豪徐渭还将《煎茶七类》改其冗长为简洁，以便更好流传。还有文人把饮茶总结提升到"涤烦荡秽，清心助德"的高度，[1] 并作词吟咏品饮的"茶舍小""茶涪暖""茶泉沸""茶品绝""茶候静"等意境，[2] 其意也在扩大优雅品饮方式的影响。

随着饮茶的深入，人们不断丰富和深化了饮茶的内涵。至清代，已形成一套相当完备和严格的品饮规范。

有的因"茶事废坠"，慨然在交通要道修茶亭，以襄前人所未行的事业。如康熙六十一年（1722）在佛山所修的"其地广可半亩，前建亭，亭临水，周遭引以栏槛，与涟漪相映，后辟一轩，又有爽桥，暑月以上，人煮茗其间，遥瞻付瞩，成为胜景"。[3] 有

---

① 余怀：《茶史补·茶赞》。
② 董元恺：《苍梧词·望江南·啜茶十咏》。
③ 《道光佛山忠义乡志》卷十二《金石·上》。

的县则将建茶亭列为本县"建置"首位，赫然载入县志。^① 有的县所建茶亭多达五十七处。^②

连平常百姓对茶叶的品饮，都已达到很高的水准。像闽南每年五月民间的"斗茶"：必用时大彬的罐，若深之杯，大壮之炉，珰溪的蒲扇，盛以长竹之筐。凡烹茶要用水为本，火候佐之，用三叉河水为第一，惠民泉水第二，龙腰泉水第三，馀泉水次之。^③ 这种"斗茶"实为一般水准所不及。

清乾隆时的彭光斗，路过漳州龙溪，遇一老翁于竹圃，老翁请他入旁室，地炉活火，烹茗相待，盏绝小，仅供一啜，刚下咽，沁透心脾。彭光斗认为自己客闽三载，只喝到这一次武夷真茶。^④ 此言并不过分，品饮之风已弥漫于穷乡僻壤，深深植根于寻常百姓家。

广东农村的妇女嗜咸茶，"茶少下盐，置瓦盆中擂之千百杵，令成膏液，然后沃以沸水，下以炒麻，

---

① 《道光长乐县志》卷之五《建置略·茶亭》。
② 《嘉庆龙川县志》卷二十《墟市·附茶亭》。
③ 《乾隆龙溪县志》卷十《风俗》。
④ 彭光斗：《闽琐记》，《崇斋丛书》。

235

家常加此二餐与早午饭后，若亲串至，又增多花生、炒米，浮满茶瓶。昔粤中之款客，无槟榔，必相嫌，今丰之宴宾少咸茶，不成事矣"。①

又如广西农村则兴"茶泡"，"用冬瓜切片寸余，或二寸阔，一二分厚，方圆不一，上雕花木虫鱼，皆镂空，渍以白糖，晒干，名为茶泡。客至，用点茶以为敬。若嫁女者，须备数百枚，女于归次日，凡婿家男妇老幼及姻戚人，遍奉茶泡茶，谓之新人茶"。②

农民的品饮茶食方式已化为一种习俗，并非只广西一地，在四川农村也是这样：在结婚典礼中，新妇登堂拜舅、姑。女家治茶果，设几席，命新妇跪拜，上茶尊长，诸亲戚次第拜，谓之"拜茶"③。在岁时佳节，四川的农民便炒米杂姜茶，入油炒研做油茶，来款待宾客。④上元灯会时，四川的农民们则唱着自编的"采茶歌"，让品饮茶香的神韵乘风四方荡漾……

---

① 《同治海丰县志续编·风俗》。
② 《光绪郁林直隶州志》卷四《风俗》。
③ 《嘉庆彭山县志》卷三《风俗》。
④ 《嘉庆射洪县志》卷五《舆地·风俗》。

酒

由于粮食的丰收，酿酒在明清城乡已成为一大景观。酒作为一种酿造品已达到了"十室之聚，必有糟房；三家之村，亦有酒肆"的程度（《道光滕县志》卷十二）。甚至"荒郊野巷，莫非酒店"（包世臣：《安吴四种》卷二十六）。

自明代起，名酒辈出：九醖、流霞、醇酿、醼酒、腊酒、烧酒、老酒、豆酒、橘酒、白酒、短水、鲁酒、露酒、泰酒、麻姑酒、金华酒、河清酒、三白酒、薏苡酒、砂仁酒、平头酒、堆苍酒、密浓潴、金盘菊、桂花酒、膏米酒、曲蘗、糟糒、久窨……（陆噓云：《新刻徽郡原板诸书直音世事通考》卷下《酒名类》）各地均生产出自己的代表作，如北方清丰吕氏酒、南方苏州的"三白"（薛岗：《天爵堂笔余》，《五朝小说》）。

　　其中以贵州茅台驰名，"其料纯用高粱者上，用杂粮者次之。制法煮料和曲，即纳地窖中，弥月出窖熇之。其曲，用小麦，谓之白水曲"（《道光遵义府志》卷十七）。可为白酒的较高水平。用花果所配的各色药酒也颇为流行，若玫瑰露、茵陈露、苹果露、山楂露、葡萄露、五加皮、莲花白等。人们嗜饮这样的果露药酒，以求"保元固本，益寿延龄"。黄酒，则以绍兴花雕为代表，它用糯米、酒酵、麦曲及绍兴的鉴湖水为原料酿成，饮用适量，能辅助消化促进食欲且极有益于卫生。

　　"酒令"作为历代"酒礼"延续的传统文化形态，于清朝进入它的黄金时期。形形色色的"酒令"的繁衍，使各个阶层、各式人物浸染其间，拉开了中国酒令史最壮观的一幕。

如果要探求明清名酒有多少种，就如同徜徉在一条川流不息的江河岸畔，随手入水，便可掬起浪花朵朵——

如以水胜，又以曲胜的易州酒、沧州酒：用麦屑中和绿豆、杏仁诸料，置风处，盖麻叶，必令内成菊藏形。要经过一个月的昼夜受露。浸米也有方法，只黄粟一种，先簸扬净，用新水浸半日，再换水，换四次水后粟浆俱无，入锅成梅，置案内摊冷，取菊英曲米拌匀，下瓮。三日后用耙搔，时时搔。待粟浆澄洁，闭瓮数日，登槽则色白味清。也有煮了放三四年的，作金珀色，香洌喷鼻。

房山酒与京城酒；河南磁州酒与彰德酒；西梁葡萄酒有祛脏热的功效；有草药气，老人饮之有益的甘州枸杞酒；南方的玉兰、三白、红酒、天泉、豨莶、五加皮、花露；水踞天下之胜，米又软白的锡山惠泉酒；山西的桑落、羊羔、桂花、玫瑰、蜡酒、云中万

▲（清）升仙传 喝酒图

花春、代州酒。

尤其是潞安的红酒，纯用火酒，囊置群药于袋中，重汤煮熟，埋地坎数日，取用，凡冒寒暑雾露停滞诸恙，饮杯勺红酒立愈，远途携带也坏不了。

还有陕西别致的"咂酒"：用一小瓹，中置菽麦，和以曲蘖，培数日取出。制竹管，自瓹口插下，或银管，浇入滚汤，溢瓹为度，旋浇旋饮，饮从管中咂其液……①

另一位不善品饮的文士，只是信笔记来，便引人进入了一座深深的名酒的殿堂：

北京的黄米酒，蓟州的薏苡酒，永平的桑落酒，大名刁酒、焦酒，济南秋露白酒，泰和泰酒，麻姑神功泉酒，兰溪金盘露酒，绍兴豆酒，粤西的桑寄生酒，粤东的荔枝酒，汾州羊羔酒，淮安豆酒、苦蒿酒，高邮五加皮酒，扬州雪酒、豨莶酒，无锡的华氏荡口酒，何氏松花酒，浦口金酒、苏州坛酒、三白酒，扬州蜜林檎酒、江阴细雨，徽州白酒，句曲双投酒，山西襄陵酒、河津酒，成都郫筒酒，关中蒲桃

---

① 宋起凤：《稗说》卷三《品酒》。

酒，中州西瓜酒、柿酒、枣酒，博罗桂酒……①

还有：淮安的绿豆，婺州的金华，建昌的麻姑，太平的采石，苏州的小瓶，宫内清而不洌、醇而不腻、味厚而不伤人的金茎露。② 南京的坛酒、细酒、辟清酒、靠柜酒③……

所有这些酒只不过是名酒殿中一个个小小的角落。因为仅明代有名的补酒与药酒就多达七十六种。④ 其中较为著名者，如可以"并蘖灵化，皓首成童"的"枸杞酒"，"含膏吐滋，以饴玉仙"的"何首乌酒"，"酝酿一加，点滴俱春"的"人参酒"，"吸彼婺精，辅我老癯"的"女贞实酒"，"灵瑞所苗，乃振乃苗"的"地黄酒"，"风味迥别"的"松针酒"，"戏掐珍苞，香雾喂手"的"橘酒"……⑤ 可以说酒的制作一入明代，无论在哪个领域都舒展开了奋飞天宇的羽翼。

---

① 顾起元：《客座赘语》卷九《酒》。
② 顾清：《傍秋亭杂记》卷下。
③ 罗懋登：《三宝太监西洋记通俗演义》卷十二，上海古籍出版社，1985 年版。
④ 李时珍：《本草纲目·谷部》第二五卷《酒》。
⑤ 李日华：《六研斋二笔》卷四。

▲（清）佚名 国人制酒图

像造酒之法俯拾皆是："北酒方""太禧白酒方""赛葡萄酒方""造莲花白酒法""造红曲方"等。① 最为简便的莫如"神仙造酒方"，其造法是：

三月三日采山桃花三两三钱，五月五日采马兰花五两五钱，六月六日采芝麻花六两六钱，十二月八日取水，春分日作麦曲，杏仁一百个，白曲十斤，团如鸡子大，纸裹吊挂，七七四十九日，客来取前水一瓶，放曲一块，纸对瓶口，逡巡之间已成酒。②

这些制酒之法的实践者多是王公显贵。他们往往是一次"买几十石酒曲，室中造酒"③，并以酒互相馈赠酬酢，像《金瓶梅词话》第六十一回所展示的：

西门庆旋教开库房，拿出一坛夏提刑家送的菊花酒来。打开碧靛清，喷鼻香，未曾筛，先挽一瓶凉

① 佚名：《墨娥小录》卷三《饮膳集珍》。
② 沈周：《石田杂记》，《学海类编》。
③ 兰陵笑笑生：《金瓶梅词话》，第九四回，人民文学出版社，1985年版。

▲（明）陈洪绶 饮酒读书图

水，以去其蓼辣之性，然后贮于布甑内筛出来，醇厚好吃，又不说葡萄酒，教王径用小金钟儿斟一杯儿，先与吴大舅尝了，然后伯爵等每人都尝讫，极口称美不已。

而且，他们因自家酿酒，便加香加料，各标珍异，真是"橘皮香与菊花香，都入陶家漉酒缸"[①]。还有，士大夫家喜作与米瓷同色的绿豆曲酒。[②] 用不满瓶色、味俱佳的三白酒或雪酒，编竹为"十"或"井"字形障瓶口，用线系数十朵新摘茉莉花蒂悬竹，离酒一指许，贴纸封固，旬日便成香透了的"茉莉酒"[③]。

明代贵族酿酒，名重一时的有王虚窗的真一、徐启东的凤泉、乌龙潭朱氏的荷花、王藩幕澄宇的露华清、施太学凤鸣的靠壁清、齐伯修正王孙的芙蓉露、吴远庵太学的玉膏、赵鹿岩县尉的浸米、白心麓的石

① 《郑板桥集·补遗·橘菊》。
② 何良俊：《四友斋丛说》卷三十三《娱老》。
③ 冯梦祯：《快雪堂漫录·茉莉酒法》。

乳、马兰屿的瑶酥、武上舍的仙杏、潘钟阳的上尊、胡养初的仓泉、周似凤的玉液、张云治的玉华、黄瞻云的松醪、蒋我涵的琼珠、朱葵赤的兰英、陈拨柴的银光、陈印麓的金英、班嘉佑的蒲桃、仲仰泉的伯粱露、张一鹗的珍珠露、孟毓醇的郁金香、何丕显的玄酒、徐公子的翠涛……①

明代贵族家酿之酒，大多可称为社会名酒。清代则更是如此，道光年间北京赵家庵家酒，就赢得了"那知名酒不须求，赵壁居然今日有"的赞誉。②这是因为明清贵族专门研究做酒，"家里做酒的方子，各色都有"③。

明清皇宫内也设专门酿酒机构。明代皇宫内专司酿酒的是"良酝署"，它每年都要从全国各地调集优良的一万七千五百七十六石二斗零的糯米，三万六千石的小麦，四十四万斤的淮曲酿酒。④但"御酒房"造

▶（明）丁云鹏 漉酒图

① 顾起元：《客座赘语》卷九《酒》。
② 李光庭：《乡言解颐》卷五《物部·赵酒》。
③ 李绿园：《歧路灯》，第十九回，中州书画社，1980年版。
④ 《明会典》卷二一七《光禄寺·良酝署》。

酒，不过竹叶青数种，有许多酒是在外面"造办"，转于"御茶房"进上的，有金盘露、荷花蕊、佛手汤、君子汤、琼酥、天乳等。因此有了"但看御旨供来旨，录得嘉名百十余"的明代咏酒宫词的流传。[①]

清代宫廷造酒也不过是数种，但较之明代宫廷造酒较精进。主因是自乾隆用水质轻重评全国泉水的优劣，提出北京玉泉山水最好，于是，宫内多在雨水少，最清洁的春、秋两季取玉泉水酿酒。据《光禄寺则例》载：每糯米一石，加淮曲七斤，豆曲八斤，花椒八钱，酵母八两，箬竹叶四两，芝麻四两，可造出玉泉旨酒九十斤。玉泉酒主要供皇帝饮用和圣典大宴，因而名重天下。

在民间，也有许多著名的酒。这是由于中国白酒的原料都是粮食，如一外国人评说明代酒时所言："所有的酒都是米做的。"[②]只不过是南方多用糯米，北方多用高粱，也有用苞谷的，酒曲则主要用大麦或小

① 蒋之翘：《天启宫词一百二十六首》，《明宫词》，北京古籍出版社，1984年版。

② 阿里·阿克巴尔：《中国纪行》，第十章，生活·读书·新知三联书店，1988年版。

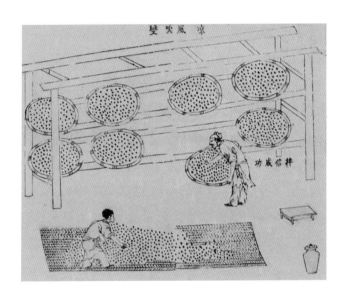

▲ （明）宋应星 天工开物·晒制酒曲

麦碾磨而成的白面为曲。① 即使用花、茎、叶、根酿制的"露酒"，也需要用粮食曲。"曲饼十字裂，月令三伏仲。书曝亭午炎，夜滋花露重。赤脚长须徒，不异猿狙众。竹笞桤木盒，朝暮相搬弄。西村黍将熟，新米农夫送。杀落菊花开，浮蛆成数瓮。"② 因此，在明清凡产粮食之地，均能烧出"酒味长含粟粒中"的佳酿来。③

"村村灯火收红糯，便小瓮鹅黄次第排，槽床压，夜悄真珠碎滴，响乱萧斋。"④ 在广阔的农家，只要具备酿具就可烧酒，更何况有的制酒只需"置盆水席中"这一简单器具⑤，可知酿具一般家庭都拥有，这是因为酿酒的锅或壶两种基本器具，都是由蒸饭的甑、甗发展而来的。⑥ 有的人家酿酒器重百余斤，

---

① 虞兆隆：《天香楼偶得·白酒》。
② 田雯：《古欢堂集》卷五《酒法》。
③ 莫友芝：《芦酒三首》，《清诗纪事》，江苏古籍出版社，1989 年版。
④ 陈维崧：《湖海楼词·酿酒》。
⑤ 钮琇：《觚賸》续编卷四《物觚·倾刻酒》。
⑥ 方心芳：《关于中国蒸酒器的起源》，载《自然科学史研究》，1987（2）。

式甚高大。① 酿酒可达数十缸。② 看来，清代史籍中"家家皆有酿具"③，"比户能烧"④，还是有充分依据的。

由于许多私人可以酿酒，酒的景观越发异彩纷呈。台湾有一卖花翁，他用多种奇花异卉制酒，色微红，入口芳醇，不是凡品所能比得了的。⑤ 有人则将泉水引入酿酒处，用米果、糯米花、五福饼，合泉水柞之，造"千日酒""百日酒"等。⑥ 还有人在山中觅石松，伐其本根，将酒坛埋其下，使松树精液吸入酒中，一年后掘出，其色如琥珀，唤作"松苓酒"⑦。

大量各色酒的制造，必然要转入商品领域，在明代小说中就有这样的例证：苏州的周舍，他的祖辈就是在阊门外桥边开大酒坊的，做造上京三白、状元红、莲花白等各色酒浆。此事发生在明代晚期⑧，依此

① 宣鼎：《夜雨秋灯录》三集卷二《丁养虚》。
② 张祥河：《郑龙兴中偶忆编》。
③ 卢坤：《秦疆治略》。
④ 方苞：《请定经制札子》，《方望溪全集》集外文。
⑤ 王国璠：《台湾杂录·卖花翁》。
⑥ 无名氏：《古今志异》卷三《醉刘》。
⑦ 昭梿：《啸亭杂录》卷一《松苓酒》。
⑧ 梦觉道人、西湖浪子：《三刻拍案惊奇》，第四回，北京大学出版社，1987年版。

推算，周舍的祖辈在苏州阊门外桥边开大酒店，至少是明代中期或还可更早，而且按照小说中所说："桥是苏州第一洪，上京船只必由之路，生意且是兴！"可以了解到酒的买卖在明代是很发达的。

清代酒的买卖更是兴隆。在北京，因酒品最繁，则酒肆分类。一种为"南酒店"，专售花雕、竹叶青等。还配以火腿、糟鱼、蟹、松花蛋、蜜糕等肴品。一种为"京酒店"，专售雪酒、冬酒、涞酒、木瓜、干榨等，食物有煮咸栗肉、干落花生、核桃、榛仁、蜜枣、山楂、鸭蛋、酥鱼、兔脯，夏天则上鲜莲、藕、榛、菱、杏仁、核桃等"冰碗"。还有一种是用

◄（清）徐扬《姑苏繁华图》中小巷内小酒店

各种花果露制成的"药酒店"①。

富庶江南的扬州则是：城外，驴驮车载，频来不绝。运来了通州雪酒、泰州枯、陈老枯、高邮木瓜、五加皮、宝应乔家白……城内，八月新熟之际，各肆择日贴帖，唤"开生"，人人争买，一直到二月惊蛰后才停止，又唤"剪生"。平时酒店白天挂帘，夜晚悬灯，常用数幅青白布，下端裁为燕尾，上端夹板灯，上贴一"酒"字。铺中敛钱者为掌柜，烫酒者为酒把持。凡有讨者斤数，掌柜唱之，把持应之，遥

_____

① 震钧：《天咫偶闻》卷四《北城》。

▲（明）陈洪绶　蕉林酌酒图

遥赠答。^①这俨然是《清明上河图》那样的市井名酒买卖的重现……

偏远地区也挡不住酒的商潮的涌动。清道光初年，贵州赤水河畔的茅台镇，也呈现了卖酒专业镇的面目。徐文仲在《中国食品报》上辑录当年的一首诗可窥见此名酒一斑："于今好酒在茅台，滇黔川湘客到来。贩去十里市上卖，谁不称奇亦罕哉。"茅台酒多少钱一斤，由于缺乏史料难以结论。但是清代酒的价钱均很便宜。一酒楼自酿一种甘美出奇，比那玉液金波尤百倍的"玉壶春"，一两只需六文钱。^②就是一个很好的证明。

以考据博学著称的李汝珍则通过对一个酒肆的描写，展示了这种状态中的"各处所产名酒"——

山西汾酒、江南沛酒、真定煮酒、潮州濒酒、湖南衡酒、饶州米酒、徽州甲酒、陕西灌酒、湖州浔酒、巴县咋酒、贵州苗酒、广西猛酒、甘肃酒干、浙

---

① 李斗：《扬州画舫录》卷十三《桥西录》。
② 《施公案》，第三七四回，光绪二十九年上海书局石印本。

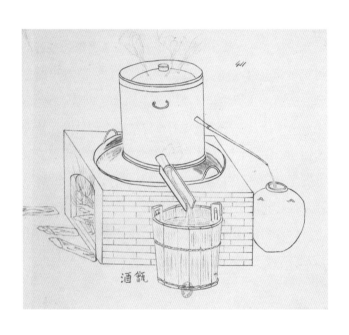

酒甑

▲（清）佚名 酒甑 外销画

江绍兴酒、镇江百花酒、扬州木瓜酒、无锡惠泉酒、苏州福贞酒、杭州三白酒、直隶东路酒、卫辉明流酒、和州苦露酒、大名滴溜酒、济宁金波酒、云南包裹酒、四川潞江酒、湖南砂仁酒、冀州衡水酒、海宁香雪酒、淮安延寿酒、乍浦郁金酒、海州辣黄酒、栾城羊羔酒、河南柿子酒、泰州枯陈酒、福建浣香酒、茂州锅疤酒、山西潞安酒、芜湖五毒酒、成都薛涛酒、山阳陈坛酒、清河双辣酒、高邮豨莶酒、绍兴女儿酒、琉球白酎酒、楚雄府滴酒、贵筑县夹酒、南通州雪酒、嘉兴十月白酒、盐城草艳浆酒、山东谷辘子酒、广东瓮头春酒、琉球蜜林酎酒、长沙洞庭春色酒、太平府延寿益酒。[1]

这些达55种之多的名酒，虽出自小说家笔下，但却不是随意杜撰，而是真实地反映了清代全国各地名酒的概况。如济宁金波酒，是在高粱大曲白酒中加沉香、檀香、郁金、枸杞等十多味药材及橘饼、冰糖

---

[1] 李汝珍:《镜花缘》，第九六回，人民文学出版社，1979年版。

等精制而成，酒色金黄，清澈透明，味醇厚浓，药香酒香融为一体，协调柔和，具有行气活血、健脾解瘟、追风祛湿、滋阴补肾等功能，至今仍为中国名酒。[①]

又如琉球白酎酒、蜜林酎酒，毫无疑问是日本酒，名称未必精确，但可作外国酒涌入中国的缩影看。清代的这种外来酒绝不止这两种，康熙年间就有色红如琥珀、气类貂鼠、味道醇美的"荷兰酒"等。[②] 由于识西文者少，人们统将此外国酒称为"鬼子酒"[③]。

还如山西汾酒、扬州的木瓜酒、绍兴的女儿酒，都是为世人所推崇的名酒。尤为绍兴的女儿酒，即绍兴黄酒，冠绝明清。它之所以唤作"女儿酒"，是由于其地人家生女儿，亲朋都用来致贺，本来作团子吃，大家礼繁因馈多而酿酒，有的到数十瓮，直至礼

---

① 李松凌、张永泰：《神州美酒谱》，贵州人民出版社，1988年版。

② 宋荦：《筠廊偶笔》卷上。

③ 黄芗泉：《鬼子酒》，《清诗纪事》，江苏古籍出版社，1987年版。

▲（清）佚名 黔省诸苗全图·会饮

办完后还用其他剩余辗转赠送。有人说不饮此，是不知绍兴酒佳的。[1] 梁章钜为官曾到甘、陇、桂林等地，他认为中土近地最佳的酒是"女儿酒"。[2]

　　虽然明清时还有山东即墨老酒、福建沉缸酒、江苏无锡惠泉酒等黄酒。但是，它们都比不上绍兴黄酒，因为绍兴黄酒在原料、水质、所用酒药等方面，恪守传统操作工艺，有着其他黄酒没有的特点。

① 郑光祖：《一斑录·杂述·女儿酒》。
② 梁章钜：《浪迹续谈》卷四《绍兴酒》。

▲（明）万邦治 醉饮图

因此，绍兴酒集甜、酸、苦、辛、鲜、涩六味于一体①，加上由酯类、醇类、醛类、酸类、碳基化合物和酚类多种成分组合而高出其他酒的营养价值②，形成了绍兴酒澄、香、醇、柔、绵、爽兼备的风格，所以，在清代绍兴酒得以风行各省。如《康熙会稽县志》记："越酒行天下，其品颇多，而名老酒者特行"，实无他酒可与它相抗，"可谓酒之正宗"③。特别是酒

① 吴国群等：《绍兴酒文化》，五，中国大百科出版社，1990年版。
② 傅金泉：《试论我国黄酒的特点及其发展方向》，载《中国酒文化和中国名酒》本。
③ 梁章钜：《浪迹续谈》卷四《绍兴酒》。

▲（明）吴伟 酒醉图（局部）

之重镇——白酒，则繁花似锦，各有千秋。它们是：
江苏泗洪县双沟镇双沟大曲、四川泸州老窖特曲[1]、四
川成都全兴大曲酒、山西汾酒、四川宜宾（叙州府）
五粮液、绵竹县剑南春、安徽亳县古井贡酒、江苏泗
阳县洋河镇洋河大曲、陕西凤翔地区的柳林西凤酒、
安徽淮北濉溪镇濉溪酒（现口子酒前身）、广东五华
县"长乐烧"、辽宁锦州凌川酒……[2]

　　还有果、露酒。它们是：北方的梨酒，南方的蜜

① 万国光：《中国的酒》，五，人民出版社，1986年版。
② 曾纵野：《中国名酒志》，中国旅游出版社，1980年版。

酒、树汁酒、椰浆酒。[①] 北京的桂花陈酒[②]，北京的莲花白，北京近郊的葡萄酒[③]，等等。

怪不得李汝珍还描述了文芊走到另一酒肆饮酒，看见这酒肆约有各处所产名酒一百种。[④] 这正如人所说的清代的名酒之多，已难以枚举。[⑤] 除上述名酒外，较著名的还可简举一些：

堆花烧酒、麦烧酒、糟烧酒、红药烧酒、黄药烧酒、花露酒、玫瑰花酒、玉兰花酒、松泉酒、冰雪酒、福橘酒、女贞子酒、归元酒[⑥]、河南的梨花春、章丘的羊膏酒、北京的荷叶露、福建的玉带春、内丘的西瓜酒。[⑦]

一般酒店都可随顾客索要名酒，如石冻春、罗浮春、土窟春、珍珠红、葡萄绿、玉膏青、秋露白、桂

---

① 谢肇淛：《五杂俎》卷十一《物部·三》。
② 潘荣陛：《帝京岁时纪胜·八月·时品》。
③《顺天府志》卷十四《土产》。
④ 李汝珍：《镜花缘》，第九七回，人民文学出版社，1979年版。
⑤ 清凉道人：《听雨轩笔记》卷二续记。
⑥ 捧花生：《画舫余谭》，《艳史丛钞》。
⑦ 周亮工：《因树屋书影》卷四。

髓浆、兰英桑落、乌程白堕、醽醁醍醐^①、瓮头春、琥珀光、蜜林檎、佛手路等各色名酒。^②

明清名酒，品种众多，影响深广，甚至僻壤也以仿制名酒为荣，"携得江南风味到，夏家新酿洞庭春"^③，沉沉的、醉人的名酒芳香也弥漫于遥远的大漠边疆……

当我们结束对名酒的巡阅，又翻阅明清饮酒的文字记录册，我们首先好像呼吸到周代以来的"饮酒孔嘉，维其令义"的淳朴之风。那就是每年春、秋二季举行的"乡饮酒礼"。

这种"乡饮酒礼"从参与宾客，到每桌佐酒馔肴，都一一确定，层次分明。^④ 真是"周旋皆中节，讲习不逾程。整若垂绅带，常知佩玉珩"^⑤。人们严守规矩，举杯交贺，不难想见席间酒风十分凝重。

从饮酒的历史线索观察，明代是将周代"酒礼"

---

① 邵璨：《香囊记》第八出《投宿》。

② 吴毓昌：《三笑新编》第二十回《颂酒》。

③ 纪昀：《乌鲁木齐杂诗》，《借月山房汇钞》。

④ 沈榜：《宛署杂记》第十五卷《极字·一杂费》。

⑤ 魏观：《乡饮酒诗》，《全明诗》卷二六。

之风继承下来，所谓：自周迄明，损益代殊，而其礼不废。明洪武五年礼部规定了乡饮礼仪，并颁行天下，推广于庶民。[1] 清代京师及各直省府、州、县，每年于正月十五日及十月初一日也举行"乡饮酒礼"，以示敬老尊贤。[2]

乡饮礼仪仅仅是明清时期人们饮酒方式的一个侧面，或者说这是统治阶级施于被统治阶级的一种意念规范。它只是在一定程度上对人民饮酒方式予以引导，而在实际生活中很难规范人民饮酒的方式。这个时期饮酒的人们，不仅较以前时代多，而且饮酒方式也多。

侍郎方苞曾上书乾隆，说十人中就有五人喝酒。[3] 有的小小里中就成立一个"饮社"[4]。人们已将能否饮酒，当成是有"门面"的标准。[5] 一年之中，

▶（明）张翀 斗酒听鹂图

① 《明史》卷五六《志》第三二《礼》十。
② 见《清代六部成语词典》，《乡饮酒礼》，天津人民出版社，1990年版。
③ 《方望溪全集》集外文卷一《请定经制札子》。
④ 褚人获：《坚瓠集》补集卷一《速客词》。
⑤ 冯梦龙：《笑府·糟饼》。

▲（清）樊圻 兰亭修禊图卷

饮酒的活动层出不穷：有薄酌、萌酌、樽酌、杯酌、小酌、草酌、粗觞、菲酌、豆殇等，新年又有春酌、春酒等。[①] 酒在人们生活中占有不可或缺的位置。

皇帝的住所也是如此："在皇宫里和第二道门里有一个大理石做的容器，上有九个孔，容器上加盖，中国十二个省运来的酒都从上面五个孔倒入，另四个孔是出酒，这容器里的酒要供一千人饮用，世界各地来的成千客人，宫里的千名太监、宫女和文武大臣都可享用。"[②] 这是在外国人眼中的皇宫饮酒情况。来自不同地域、身份各异的数千人众，竟被酒引聚在一起，显示出酒风的浓烈……

因为只要看一看明清的年节、庆典、婚丧、出行、迎宾，就会发现酒如一条永不停歇的溪流，奔泻其间，贯穿于人们飨客、羁旅种种离怀别绪……明代就有人因断酒而一病不起，以至丧命，其母大痛，为使他瞑目，便用酒灌，谁料二杯下去，他鼻息相续，

---

① 陈眉公：《万宝全书》五卷《文翰门》。

② 阿里·阿克巴尔：《中国纪行》，第十章，生活·读书·新知三联书店，1988年版。

唇动气通，更进一杯，遂省一事。母问如何？他只说"好吃"①。因酒死去又因酒获生，真是荒诞至极。

可是这却是明代社会人们对酒如疯似狂的逼真"画像"——连做梦也梦见别人送他酒。②儿子伏地大饮从碎坛流出的酒，还向父亲说："难道你还要等菜？"③有的人不能多饮，常设壶盏，对月长坐，以解不可遏止的酒欲。④有的县官嗜酒已智昏，判人刑罚时竟让衙役打他三斤。⑤这些酒笑话俯拾皆是……

究竟该怎样饮酒？明代小说家精心作了争辩的言辞。

这一个道："酒是仪狄所造，好者甘香清冽，称为青州从事；恶者浑浊淡酸，号为鬲上督邮。春时有翠叶红花，可以赏心乐事；夏时有凉亭水阁，可以避暑承阴；秋时有菊蕊桂香，可以手接鼻嗅；冬时有深

---

① 王兆云：《白醉璅言》卷上《酒活命》。
② 佚名：《新刻华宴趣乐谈笑酒令》卷四《谈笑门·嘲好酒人》。
③ 陈皋谟：《笑倒·好酒》。
④ 黄图珌：《看山阁闲笔》卷十五《虚设壶盏》。
⑤ 独逸窝退士：《笑笑录》卷六《再打三斤》。

▲（清）佚名 行酒令图

山霁雪，可以逸性陶情。趁着四时的景物鲜妍，携樽挈榼，邀二三知己友人，吆三喝五，掷绿推红，履舄杂遝，觥筹交错，那时节百虑俱捐，万愁都卸。这才是'断送一生惟有，破除万事无过。远山横黛蘸秋波，不饮旁人笑我'。"湘子道："酒能迷真乱性，惹祸招灾，故大禹恶旨酒而却仪狄。只有那骚人狂客，借意忘情，取它做扫愁帚，钓诗钩，我却不喜欢吃它。"

一个道："天有酒星，地有酒泉，圣贤有酒德。尧舜千钟，仲尼百瓢，子路嗑嗑，也须百榼，李白贪杯而得道，刘伶爱饮而成仙。从古至今，不要说圣贤君子与它周旋不舍，就是天上吕神仙，也三醉岳阳人不识，从来没有一个是断除不吃的。大叔为何说它这许多不好？"湘子道："你们哪里晓得这酒的不好，古来有诗为证，我且念与你们听着。诗云：仪狄当时造祸根，迷真乱性不堪闻。醉时胆大包天外，惹祸招灾果是真。"①

① 杨尔曾：《韩湘子全传》，第五回，上海古籍出版社，1990年版。

孰是孰非？莫衷一是，促使人们去寻求饮酒的标准，去整理饮酒旧章，去重订饮酒制约，研究撰写饮酒的著作[①]，要比任何时候都来得多，来得迫切。

文学家袁宏道总结如何饮酒道：饮喜宜节，饮劳宜静，饮倦宜诙，饮礼法宜潇洒，饮乱宜绳约，饮新知宜闲雅真率，饮杂糅客宜逡巡却退。甚至饮酒时以何物为佐，袁宏道也娓娓道来：一清品，如鲜蛤、蚶糟、酒蟹之类；二异品，如熊白、西施乳之类；三腻品，如羊羔子、鹅炙之类；四果品，如松子、杏仁之类；五蔬品，如鲜笋、早韭之类。[②]

饮酒时为什么不欢，也可分出十余种情况，分别是：主人吝、宾轻主、会客不投、殽乱杂陈而不序、妓娇而乐涩、诮家常、议朝除、选诙谐、刻觞政、录事不网、兴居纷纭、附耳嗫语、蔑章程而骋牛饮、醒木讷而醉劳曹。[③]

▶（清）陆薪 醉吟图

---

①　见明代无怀山人：《酒史》；夏树芳：《酒颠》；清代郎廷极：《胜饮编》等。

②　袁宏道：《觞政·三之容》。

③　田艺蘅：《醉乡律令》，《说郛续》卷三十八。

屠本畯曾将理想的饮酒境界，归纳为：

饮人——名流 胜士 韵人 可儿 真率 忘机

饮地——花前 林下 小阁 幽馆 泛舟 流觞

饮候——花时 笋时 鱼时 清秋 新绿 红叶 积雪

饮品——数品 小品 点心 出新 薄粥 肉汤 果羹

饮趣——清谈 度曲 围炉 吹箫 友造 妙令 吟成

饮助——赏古玩 新酿熟 瓶花灿烂 茗碗 防爆 爇名香 诵名言 名酒远将 酸汤 澡身

饮禁——累日 再旦 苦劝 避酒 谈隐微 作清态

饮阑——欹枕 散步 踞石 分韵 击磬 投壶 岸中①

随之而起的吴彬，将屠本畯归纳的这些饮酒内容稍加变通，奉为饮酒的经典。②

饮人——高雅 豪侠 真率 忘机 知己 故交 玉人 可儿

饮地——花下 竹林 高阁 画舫 幽馆 曲间 平畴 荷亭

---

① 屠本畯：《文字饮》，《说郛续》卷三十八。
② 吴彬：《酒政六则》，《檀几丛书》余集。

饮候——春郊 花时 清秋 新绿 雨霁 积雪 新月 晚凉

饮趣——清谈 妙令 联吟 焚香 传花 度曲 返棹 围炉

饮禁——华宴 连宵 苦劝 争执 避酒 恶谑 喷哕 佯醉

饮阑——散步 欹枕 踞石 分韵 垂钓 岸中 煮泉 投壶

将屠本畯、吴彬所制定的饮酒规范两相对照，便可寻觅到明清文人学士是如何饮酒的，又是如何使其饮酒方式日趋大众化，并能领悟到将饮酒当作一门学问来研究的这一主张的深刻含义了。[①]

如果把文人学士们专论饮酒的著作，放在明清大的社会习俗的氛围中去品观，就会发现这是一帧帧较清晰、较全面、较高层次的饮酒风气图，至今还有着现实意义：

饮酒一定要按照自己的实际收入状况，不可暴殄，也不可落俗，应该丰盛而节俭是对的，节俭者勉

---

① 黄周星：《酒社刍言》，《闲情小录初集》。

力丰盛是欠妥当的。① 饮酒要贯彻的是"礼从宁减，道取还淳"的原则。②

酒席的摆设要有尽善尽美的境界——酒不狼藉，几净杯干。觥筹错落，各适其适。饮酒时要特别注意风度，如刺人的市语俚言，或乘醉狂呼，都可能酿成祸患，应该自重。索酒索肴，遇着爽自合意食物，请益无厌，需要省察。还要时刻照顾饮酒座位界限，横开两臂，大肆牛饮，就非常讨厌了。③

在正式饮酒之前要吃点心，以先实其腹，则饮酒无伤。还要精洁素馔，以在腥味之后进食，会顿觉清爽，并要备羹，用来醒酒，这是作为养生之道提出的。④

饮酒时要注意掌握"度"。贤者之过多伤于酒，既溺于口必濡于首。所以饮酒一定要：适可而止，庶几无咎。⑤

---

① 沈中楹：《觞政五十则》，《檀几丛书》初集。
② 吴肃公：《酒约》，《檀几丛书》二集。
③ 张萐：《仿园酒评·酒德》，《檀几丛书》余集。
④ 金昭鉴：《酒箴闲情小录初集》。
⑤ 尤侗：《豆腐戒》，《檀几丛书》余集。

饮酒时的礼仪和道德是最为重要的。[①] 席间俗气会败人意，尤须"警骂座""警煞风景"等。[②] 诸如：自己尽兴，辄促起身；不学无术，妄添议论；食肴不尽，复置盘中；挑拨醉客，以取己欢；一言不合，辩论到底；频谈贵显，炫耀矜夸……[③] 都必须加以杜绝。

为使饮酒成为一种具有高度文明的行为，出现了套用刑律而制定的一整套赏罚分明的饮酒条例，它对饮酒中的丑恶现象，像跌损席上用具、该饮二杯而只饮一杯等，都冠以弃毁器物稼穑、隐蔽差役等刑律名目，予以杖、罚俸、流放等惩治，具体清楚，一丝不苟，"凡我同志，其敬守之"[④]，十分严肃。

倘若真的按照这些饮酒总结的经验去实践，饮酒会成为人生一大快事。明代的剧作家觉得饮酒可以使其：精神爽健，精力不衰；有喜有庆，容颜不改；

① 张揔：《南村觞政》，《檀几丛书》二集。
② 程弘毅：《酒警》，《檀几丛书》余集。
③ 张蓋：《仿园酒》，《评古今说部丛书》一集。
④ 张潮：《酒律》，《檀几丛书》初集。

▲（清）佚名 酒醉骂街 外销画

▲（清）佚名 酒醉打架 外销画

世不白头，增福增寿；减罪消灾，挂印封侯……① 清代俗曲作家在此基础上，加深颂扬饮酒，向世人宣传饮酒的好处：

早三杯，精神长；晚三杯，体安康；三伏吃酒多凉爽，数九天，饮琼浆，喝下去，赛姜汤。年老人吃酒多健旺；少年人吃酒身光彩，反添些文雅与端庄，满面红光明又亮。文官吃酒去拜相，武将吃酒拜将封王。才子吃了酒，诗词歌赋；佳人贪杯，美貌无双。富贵人吃了酒，增福延寿；贫穷人吃了酒，撇去愁肠。君子人吃了酒知礼仪，若是那小人贪杯，乱了纲常。②

并非生活必需品的酒，已赋入了具有强烈娱乐性的戏剧俗曲中，被人民群众歌咏传唱，使娱乐寓酒演为风习。而在饮酒娱乐样式之中，最集大成者首推的当是酒令。

① 无心子：《金雀记》第十出《守贞》。
② 华广生：《白雪遗音·酒鬼》。

本来酒令是在饮酒时按一定的规则，或搳拳猜枚，或巧对文句，推一人为令官，余者听令、负令、违令、不能完成令者，均要罚饮。[1] 可是在明清，这种传统饮酒表现形式[2]，已不在限制、纠正、警戒饮酒方式上，而较多笼罩上一层层厚重的欢庆、热闹、有趣、交流情感、增加知识的光泽，它是对酒礼的一种变革、丰富和发展[3]，从而把饮酒的文明程度推进到一个更广阔的天地。

现今学者对酒令进行了分类整理研究，认为酒令至明清呈极盛之势。下起陆地，上至长空，详及群谚味觉，细如虫鱼植物，名贤时事，七夕八巧……几乎皆可入酒令，明清酒令有名目可考者达三百余种。[4] 但总括起来，主要分为世俗化酒令和艺术化酒令两

---

① 杨循吉：《苏谈·常熟酒令》。

② 夏家餕：《中国人与酒》，第三章，中国商业出版社，1988年版。

③ 王守国：《酒文化中的中国人》，第五章，河南人民出版社，1990年版。

④ 沈沉：《酒概》；无名氏：《酒部汇考》。

大类。①

这些酒令并不全是明清时期所创造的，有相当多的样式是以前流传下来的，只不过到明清汇成了酒令的汪洋。无论盛宴贺寿，婚丧酬酢，还是接风饯行，宾朋举觥……长短不拘，融巷语俚言为一炉，典故辞藻为篇什的酒令，成为雅俗咸宜，争奇夸胜的最为理想的饮酒娱乐样式。

像明宣德年间淮安府蔡武指挥，自制酒令自娱自乐那样——

老夫性与命，全靠水边酉。宁可不吃饭，岂可不饮酒？今听汝忠言，节欲知谨守。每常十遍饮，今番一加九。每常饮十升，今番只一斗。每常一气吞，今番分两口。每常床上饮，今番地下走。每常到三更，今番二更后。再要裁减时，性命不值狗。②

---

① 清人俞敦培《酒令严钞》将酒令分为古、雅、通、筹四类。笔者综合研究认为酒令在明清主要为世俗、艺术两大流派。
② 冯梦龙：《醒世恒言》，第三六卷，人民文学出版社，1984年版。

自制酒令，树立自身形象，它所带来的是酒令的世俗之风，遍及了社会的每一阶层，任何身份的人都可以酒令宣泄自己的思想感情。

如商人自说：若做经纪，贼心便起；贱买贵卖，损人利己。阳货曰：为富不仁矣，为仁不富矣。

教书先生自说：坐着一片冷板，生涯四季束修；消尽平生之壮气，结成童稚之冤仇。子曰：温故而知新，可以为师矣。

卖药郎中自说：药依方撮，脉用手按。有活人之心，而无活人之手段；无死人之心，而有死人之手段。书曰：若药不瞑眩，厥疾不瘳。

算命先生自说：推造虽是死法，讲命自有活套；科举之后一宿，秋收之时又到。子曰：不知命无以为君子也。①

儒、释、道、衙吏，也能以酒令道出自己的身份来。②

---

① 沈受先：《三元记》第七出《伐行》。
② 乐天大笑生：《解愠编》卷一《儒箴·吏得酒令》。

假如有人在饮酒时茫然不知酒令，就会遭到他人不知酒令不能称为君子的嘲讽。[①] 所以，即使不学无术的人也要学上一点酒令常识，在酒席上说一套酒令以充风雅，尽管他所说的酒令是粗俗的绕口令："墙上一片破瓦，墙下一匹骡马，落下破瓦，打着骡马，不知是那破瓦打伤骡马，还是那骡马踏碎了破瓦！"[②] 连卖菜的农民，也可以根据自己所卖的韭、蒜、葱、白菜各编酒令。[③] 一向为士大夫所垄断的酒令，在明清化作了滴滴雨露，滋润着千千万万人民饮酒的浓辣心田……

从正月饮"赏灯酒"起，无时节经过，遇时节行酒令。三月"扫墓酒"，五月"解粽酒"，七月"吃巧酒"，八月"月华酒"，九月"登高酒"，十一月"一阳酒"……[④] 一年四季的生活尽收入酒令中。

有人则以手触眼见"水晶"物品作打油诗一样随

---

① 浮白斋主人:《雅谑·不知令》,《历代笑话集》,上海古籍出版社,1981 年版。

② 兰陵笑笑生:《金瓶梅词话》,第六十回,人民文学出版社,1985 年版。

③ 陈皋谟:《笑倒·嘲不还席》,《增订一夕话新集》。

④ 范受益:《寻亲记》第十八出《局骗》。

便的酒令①，有和尚将玄秘的偈语变为酒令，这无异
是对佛典经学的一种释说②，还有人将复杂的天文历
法，化成平易的七十二候酒令③。一些人们喜闻乐见
的娱乐样式和方法，也掺和进了酒令④，像看似简单，
实际瞬间变幻、妙算无穷的划拳、猜枚、拇战⑤、掷骰
子、计点的行酒令⑥，说牌名然后唱曲的酒令⑦，还可
以说笑话代行酒令⑧，也可以人们心目中圣洁风流的
才子佳人编为酒令⑨，在"叶子"上刻上易记的"人
弃我取，人取我予"之类的口诀的行酒令，从"一文
钱"到"万万贯"，顺序排列，名副其实为"数钱叶

---

① 徐霖：《绣襦记》第十出《鸣珂朝宴》。

② 汤显祖：《紫箫记》第三一出《皈依》。

③ 麻国钧：《中华传统游戏大全》，二，农村读物出版社，1990
年版。

④ 潘之恒：《六博谱》《重订欣赏编》。

⑤ 袁福徵：《胸阵篇》，《夷门广牍》。

⑥ 屠画叟：《兼三图》，《说郛续》卷三十九。

⑦ 无名氏：《乾隆巡幸江南记》，第二九回，上海古籍出版社，
1989年版。

⑧ 刘初棠：《中国古代酒令》，第二章，上海人民出版社，1993
年版。

⑨ 巢玉庵：《嘉宾心令》，《说郛续》卷三十九。

子"①，使人们在饮酒时也将赚钱之道铭记在心，有人竟将犯盗事编为酒令，以求众哄一笑。②

酒令单纯为饮酒而设的主导功能逐渐消退，它有所寄寓、游戏取乐的功能逐渐上升。击鼓依次相递传花所行酒令即是一证，人们的兴趣全在那——"或紧或慢，或如残漏之滴，或如迸豆之疾，或如惊马之乱驰，或如疾电之光而忽暗。其鼓声慢，传梅亦慢；鼓声疾，传梅亦疾"③。饮酒已成了可有可无的陪衬。

与世俗化酒令相对照的是艺术化酒令。这种酒令多是将诗词、典故等古奥艰深的学识，翻作妙语连珠的佳构。较为常见的是"要一个五字数，顶着两句五言诗"的"诗词文字令"。④

明代一大户人家中秋宴请宾客，设在一个圆池上。适有两只鸳鸯从夜空飞下，有人提议月光明净，文鸟嘤鸣，正好入咏。可取古人诗一句，中间要鸟月

① 汪道昆：《数钱叶谱》，《说郛续》卷三十九。
② 郎瑛：《七修类稿》卷四九《奇谑类·盗酒令》。
③ 曹雪芹，高鹗：《红楼梦》，第五四回，人民文学出版社，1982年版。
④ 邵璨：《香囊记》第八出《投宿》。

▲（明）劝酒书法家图

两字，作一酒尾。一人说道：叫月杜鹃喉舌冷。一人接口道：子规枝上月三更。一人言：鸳鸯湖上烟雨楼。最后一位还对前两位的酒令功力进行评价：二兄所咏，一出苏子瞻，一出苏子美。但只言鸟月，并不及鸳鸯，所以特造此句，虽非古作，却有根据。鸳鸯湖，在嘉兴府南门外，烟雨楼，即在鸳鸯湖上，自我作古，却不好耶？雅致的酒令使三人心悦不已，饮酒更欢。[①]

显而易见，没有深厚的学术素养是不能行这种酒令的。如清代童叶庆创制的"六十四卦"酒令，若无对《周易》的深入理解是不成的。而且作这类酒令，仅有学问还不够，尚需才思敏捷。

如有三位县官对酒令。一见旭日方升，便说：东方日出三分白，日落西山一点红。北斗七星颠倒挂，牵牛织女喜相逢。

一县官见庭中有荷花池，便说：一弯流水三分白，出水荷花一点红。映水莲房颠倒挂，鸳鸯戏水喜相逢。

---

① 天然痴叟：《石点头》，六卷，上海古籍出版社，1985年版。

还有一县官正在沉思对句，忽闻门外鼓乐声，便叫门子去看，门子回报说：是娶乡妇。他便说：村里妇人三分白，口上胭脂一点红。两耳金环颠倒挂，洞房花烛喜相逢。①

此酒令虽一时戏谈，但片刻之间，天、地、人均备，词句晓畅，朗朗上口，可称杰作。

士大夫们还将那种竹制筹条上刻饮、罚令，以其身份、地位、性格及生平遭遇，规定抽到筹条者该由座中哪一种人饮酒的"筹令"，编制了"红楼人境""西厢记酒筹""名贤故事令""饮中八仙令""唐诗酒筹"等难以计数的高艺术酒令，使人们饮酒时，犹如在山阴道上看风光，目不暇接。

可以说，士大夫们充分继承了历代酒令的精华，迸发出了无限的想象力和创造力，就连平凡无奇的戏剧题目也在他们笔端翻起了一段撩人的波澜：惊丑《风筝误》对吓痴《八义记》，盗甲《雁翎甲》对哄丁《桃花扇》，访素《红梨记》对拷红《西厢记》，扶头《绣襦记》对切脚《翡翠园》，开眼《荆钗记》

---

① 周元暐：《泾林续记》，《功顺堂丛书》。

对拔眉《鸾钗记》，折柳《紫钗记》对采莲《浣纱记》……① 这简直是引人走入一条戏剧锦绣长廊，使人击节叹赏、流连忘返……

最为人欣赏的是，一大批著名画家——陈老莲、任渭长等，也投身到制作艺术化酒令的热潮中来。他们将令辞和有突出经历、特征、习性、专长的人物形象，写、画在叶子纸牌上，如画有蓝采和仙人的叶子纸牌，上写有：持大拍板，唱踏踏歌，能歌者免饮。行令时按摸到牌上所标示的饮法喝酒。

这种新式叶子酒牌，使版画艺术更映入人们的视野。如明万历年间黄应绅所画的《酣酣斋酒牌》，数寸之中，构图茂密，线条细劲，人物清晰，称得上版画中的精品，也是酒令艺术化的典范。一时间，此类艺术化的酒令样式不断涌现——《水浒叶子》《列仙酒牌》成为其中的优秀代表。

这种集版画艺术与酒令为一体的叶子酒牌，源于"觞政繁俗，宜归于雅"的主张。② 但是，单纯于雅的圈子是很狭窄的，理想的酒令应是世俗化酒令与艺

---

① 梁绍壬:《两般秋雨庵随笔》卷二《戏名对》。
② 王良枢:《诗牌谱·游艺四种》。

▲（明）万历戏曲饮酒叶子

术化酒令相结合，像戏剧家刻画的侯朝宗、李香君在妓院中根据"每一杯干，各献所长，便是酒底"的规定而创制的酒令——

幺为樱桃，二为茶，三为柳，四为杏花，五为香扇坠，六为冰绡汗巾。侯方域因掷色是香扇坠作的是：南国佳人佩，休教袖里藏；随郎团扇影，摇动一

▲（明）万历酣酣斋酒牌

身香。杨龙友因掷色是冰绡汗巾，用八股文中的"破承题"充酒令。说书艺人柳敬亭的酒底是茶，他就说了个苏东坡同黄山谷访佛印禅师互相斗智的笑话，充满机锋的酒令。李香君掷色是樱桃，则以唱"樱桃红绽，玉粳白露，半晌恰方言"来当酒令。①

---

① 孔尚任：《桃花扇》卷一《访翠》。

行令饮酒的人们已深深意识到这一趋向。在清代小说中，我们也看到了这一趋向的描写：几位文人用《诗经》中的诗句为酒令，要一句四平，一句四上，一句四去，一句四入，一句要挨着平上去入四字，说错一字，罚酒一杯。倘不熟悉《诗经》，缺乏驾驭诗歌语言的功力，是无法行这样酒令的。但就是他们这样的一群人，也希望来点"雅俗共赏的"。行完《诗经》酒令，撷取生活中最常见的现象，以"最怕闻的，最怕见的，最爱闹的，最爱见的"来行世俗化酒令，以愉情悦意。①

这指示出了饮酒令中雅、俗的融合，必将汇成明清酒令之风的主流。

---

① 庾岭老人：《蜃楼志全传》，第四回，百花文艺出版社，1987年版。

烟

烟草自明代末年由西方传入中国后，由于烟草对人们具有除避瘴气的疗效，因此得以迅速地传播。其间历经了禁止和开放的斗争，终于，在清代前中期烟草在社会上广泛蔓延开来。

吸烟者和烟草消费量猛增，使烟草成为流通领域中的畅销商品，清政府也将烟税定为常税……其源盖出于吸食烟草，有茶、酒不可替代的作用。正像全祖望在《淡巴菰赋》中所总结的那样："将以解忧则有酒，将以消渴则有茶。鼎足者谁？菰材最嘉"，"岂知金丝之熏是供清欢神效，所在莫如避寒。若夫蠲烦涤闷，则灵谖之流；通神道气，则仙茅其侪。槟榔消瘴，橄榄去毒，其用之广，较菰不足"，"回观于仁草之称，而知其行世之未衰也"。

据此，我们可以领略到明清时期人们对吸食烟草的投入，并由此认识到，烟草已成为当时人们不可或缺的消费对象，吸食烟草逐渐演变成了一种新的民俗风尚……

在明清之际，外国传入中国的食物中，唯一可以在速度上、范围上和玉米、番薯相提并论的就是烟草了。前两者是为了解决人的口腹之饥，而后者起因主要出于"防疫"①。但烟草自明末从海外传入中国，逐渐成为人们日常生活中难以割舍的吸食品，又不能不把它归之于饮食历史发展的范畴来讨论。

在明清史籍中，首记烟草者为张介宾，他称烟草：自古未听说过，从明万历才出于闽、广之间。②明末方以智直呼烟草为"淡巴菰"③。这是由于世界各国烟草都是直接或间接来自美洲，如西班牙语为Tabaco，法语为Tabak，拉丁语为Tabacum，英语为Tobacco，德语为Tabak，日文为タバコ等，中国也对

① 王逋:《蚓庵琐语》,《说铃丛书》。
② 张介宾:《景岳全书》卷四八。
③ 方以智:《物理小识》卷九《草木类》。

▲（清末）佚名 卖生熟烟 外销画

烟草称呼采取外国音译，是尊重其源流。姚旅则进一步认为：烟草是从菲律宾传至福建，而且其产量反多于菲律宾，载其国出售。[①]

综合诸家研究：烟草传入中国的途径，大致可分为三条：[②]

一条是从菲律宾传至福建，再到北方；

一条是从南洋到广东；

一条是从日本传到朝鲜，而后进入东北。

总为南、北两路，南路要早于北路，南路在明万历末年，北路于明天启辛酉（1612）与壬戌（1622）之间，均在 17 世纪初叶。虽然途径不一，但从可信程度较高的历史文献看，烟草自菲律宾传入乃为世所公认。

烟草的传播速度是很快的。起初在福建，由于有人吸烟昏醉倒地，烟草是招人讨厌的。种植渐广后，

[①] 姚旅：《露书》，天启刻本。

[②] 陈树平：《烟草在中国的传播和发展》，载《农史研究》第五辑，农业出版社，1985 年版。 王达：《我国烟草的引进、传播和发展》，载《农史研究》第四辑，农业出版社，1984 年版。

人们才慢慢开始对它产生兴趣。① 天启以来，北方许多地区都种植烟草了，乃至无人不用。② 崇祯末年，在浙江嘉兴一带，吸烟的队伍中竟出现了儿童。③ 但这只是相对而言，明末的烟草尚未在全国范围普及开来。绝大多数人对烟草处于一接触讨厌，过后即思念的矛盾状态。④ 这也是烟草又名"相思草"的原因。⑤

　　可是到了清代，这种现象则变成了烟能醉人，有了将烟比作"烟酒"的提法。⑥ 人们乐意接受烟草，从这一微妙的称呼中显露了出来。康熙四十四年（1705），李煦曾向皇上上奏折，明确说："今民间所吃之烟，每人每日有吃至一、二、三文不等者。"⑦ 吸烟已波及每个人，而且每天都是这样，只不过有多有少，这是相当惊人的。

----

① 陈鸿、陈邦贤：《清初莆变小乘》，《清史资料》第1辑，中华书局，1980年版。
② 杨士聪：《玉堂荟记》卷四。
③ 俞正燮：《癸巳存稿》卷十一。
④ 张岱：《陶庵梦忆》卷四《祁止祥癖》。
⑤ 金埴：《巾箱说》，中华书局，1982年版。
⑥ 齐周华：《名山藏副本》下卷《成烟说赠蒲城张九一》。
⑦ 《李煦奏折·条奏》。

三作毛稷茶好
獵衣後皺長布
如尾剃髮作三
賈中以戴　天
朝左右懷父母
也普洱府屬思
茅有之

▲（清）苗蛮图说之抽烟图

▲（清）周培春
烟铺幌子

乾隆年间，一向矜持清高的达官贵胄也深深迷恋上这种被张岱称为"草妖"的嗜好之物，这一时期可达十之八九。[1] 用王士禛的话概括："今世公卿大夫下逮舆隶妇女，无不嗜烟草者。"[2] 这是很符合清代人们吸烟实际情况的。

据专家估算，清中叶吸烟人数就已经在总人口的五分之一至四分之一之间，全国烟草种植面积当在五百多万亩，总产量在一千万担上下。[3]

一言以蔽之，在清代，吸烟者很多，种植地区很广，烟草产量很高，烟的品质主要是"旱烟"，"抽旱烟者，则触目皆是。

---

① 李伯元：《南亭笔记》卷五。
② 王士禛：《香祖笔记》卷三。
③ 杨国安：《清代烟草业述要》，见《文史》第二十五辑，中华书局。

妇女所吸之烟，不外锭子、杂拌二种。男子瘾大者，则吸关东烟叶。斯文人物，则吸兰花"[1]。可以说，产烟、销售区和名牌烟草已经形成。它们是：

以百里所产，常供数省之用的"闽烟"[2]。浙江桐乡的秋烟、顶烟、脚烟[3]，桐乡、秀水之间的"桐濮烟"[4]。贵州的"黄平烟"[5]，湖南的"衡烟"[6]，陕西的"紫阳烟"[7]，四川的"新津烟"[8]，山东的"济宁烟"[9]，江西的"玉山烟"[10]，福建的"蒲城烟"[11]，广东的"鹤山烟"[12]，吉林的"汤头沟烟"[13]，湖北的"石首烟"[14]，

[1] 戴愚庵：《沽水旧闻·梅先生拔烟袋》。
[2] 陈琮：《烟草谱》，上海古籍出版社，1995年版。
[3] 《光绪桐乡县志》卷六《物产》。
[4] 《民国濮院志》卷十四《农工商》。
[5] 《嘉庆黄平州志》卷四。
[6] 《乾隆清泉县志》卷六。
[7] 岳震川：《府志食货论》，《皇朝经世文编》卷三六。
[8] 《道光新津县志》卷二九。
[9] 《乾隆济宁直隶州志·物产志》。
[10] 《道光玉山县志》卷十一。
[11] 《嘉庆浦城县志》卷七。
[12] 《道光鹤山县志》卷之二《下》。
[13] 萨英额：《吉林外记》卷七。
[14] 《乾隆石首县志》卷四。

河南的"鹿邑烟"①，河北的"遵化烟"②，北京的"油丝烟"，山西的"青烟"，云南的"兰花香"，松江的"土切烟"③，崇德烟、黄县烟、曲沃烟④，还有社塘淀子、兰花、奇品、金建、白鹤、玉兰⑤……正如外国人评论道：中国烟草品种之多，是各国难以比拟的。⑥

水烟较之旱烟就没有那么多品种。水烟的产地主要集中在甘肃兰州、皋兰、永登、榆中、靖远等地，以兰州所产水烟最为优良。有人曾专作《兰州水烟篇》一首："兰州水烟天下无，玉泉所产尤绝殊。"此诗发表于清嘉庆中，可见水烟早已兴盛。兰州的水烟分青、绵两种烟丝，青烟碧绿，绵烟金黄，既条显而色亮，又丝细而味绵，可谓色、香、味兼备。

水烟具是用铜作管，贮水抽吸的⑦，也有用竹管

①《光绪鹿邑县志》卷九。
②《乾隆遵化州志》卷十一。
③ 陈琮：《烟草谱》，上海古籍出版社，1995年版。
④ 赵世敏：《本草纲目拾遗》卷二《烟草火》。
⑤ 铢庵：《人物风俗丛谈·焚香与吸烟》。
⑥ 爱尼斯·安德逊：《英使访华录》，商务印书馆，1963年版。
⑦ 黄钧宰：《金壶浪墨》卷一《烟草》。

贮水抽吸的。一般劳动人民多使用竹烟具吸水烟，有火哨、吸管，吸用时呼呼噜噜，水响烟冒，饶有兴味。不管是铜质还是竹质，贮水层必不可少。辛辣的烟气通过水的过滤变凉，可以大大减少焦油和烟碱（尼古丁）对人体的危害，使人感到神清气爽。

也有人使人口喷水烟，用口接吸，虽畏其熏染，仍难捐弃。[①] 水烟为何如此吸引人？主要是它可以消除瘴气，预防虫蚊伤害，并能舒畅心情，振奋精神。尤其大江南北一带，水田纵横，地气潮湿，农民长时下水耕作，吸食水烟对于消毒防疫有着药品不能替代的显著作用，所以农民世代相沿，爱好水烟。[②] 在乾嘉时期，吸水烟者已遍天下。[③]

其因也是与水烟特制的辅料分不开的。水烟原料除烟叶外，还要配合辅料绿末子。绿末子实是一种综合性辅料，它是用白末子、槐籽、紫花、纯碱、白矾五种材料配制而成。白末子产于甘肃永登，它的特点

---

① 曹庭栋：《老老恒言》卷一《食物》。
② 姜志杰、聂丰年：《兰州水烟业的历史概况》，见《甘肃文史资料选辑》第二辑，甘肃人民出版社，1983年版。
③ 梁章钜：《退庵随笔》卷八。

280

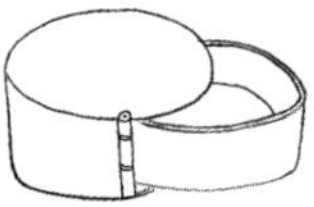

佞盒煙分

283

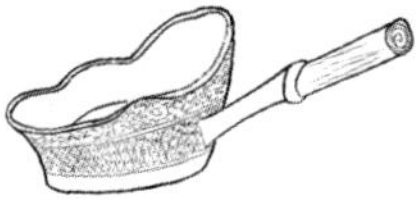

吐斗

282

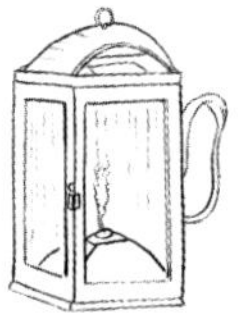

手灯

284

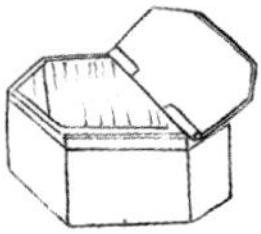

水煙盒

281

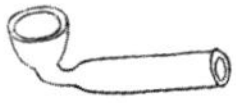

生煙斗

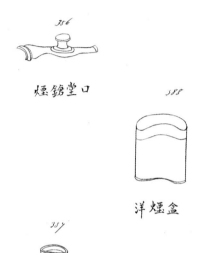

386

煙鎗堂口

388

洋煙盒

387

煙斗脚

389

洋煙灯

390

洋煙屎盒

▲（清）各式烟具

是性凉质软，容易碾绵，且具有黏性，它和以上四种
材料配合，经过烫制，即成绿色，用于青烟丝内。它
能和烟叶的色泽配合，使烟丝碧绿光泽，更加美观；
并由于它的黏性，使烟丝能凝固，压制成方，丝条
不乱。同时由于它的凉性作用，在吸烟时，可调和火
力热度，吸时感到凉爽和烟的醇正香味，吸后也容易
灭火。①

由于水烟具备这些优点，在清代出现了专业伺候
吸水烟者。② 还有像许多史家反复征引过的这样一条
史料：

匡子驾小艇游湖上，以卖水烟为生。有奇技，每
自吸十数口不吐，移时典典如线，渐引渐出，色纯
白，盘旋空际，复茸茸如髻，色转绿，微如远山，
风来势变，隐隐如神仙、鸡、犬状，须眉衣服，皮
革羽毛，无不毕现，久之色深黑，作山雨欲来状，

① 严树业、李建基：《解放前的兰州水烟业》，见《甘肃文史资
料选辑》第十四辑，甘肃人民出版社，1987年版。
② 顾禄：《清嘉录》卷一《正月·新年》。

▲（清）吴友如《游戏三珠》图中的吸烟表演

忽然风生烟散。时人谓之"匡烟"，遂自榜其船曰"烟艇"。①

这种以吐烟表演而促进销售已非个别现象了。清末《点石斋画报》上刊登过一幅《游戏三昧》，所说的是往昔，即清中叶前后或更以前的时光：有一显贵过生日，一巨公推荐来一位专会"烟戏"的瘦叟助兴。那老头儿携带的烟管仅一尺，烟斗却大过盂。他盛满烟吸约一时，然后徐起登高几，缓缓吐出：云雾弥漫，楼阁重重，森立水面，乘鸾跨鹤者纷集，一鹤衔筹翔舞空际，与海屋添筹之戏⋯⋯烟凝结半日始散。

还有一位老先生回忆自己少年时代，也曾见一僧向烟店募烟，出其烟具，僧人也能同瘦叟一样吐出图案复杂的"烟戏"来，盘旋空际，历时乃散。另一个旗丁，吸烟后，可吐圈无数，速吸连吐，个个皆圆，徐出一缕浓烟，直穿圈中，累累相属，就像贯穿一串长长铜钱⋯⋯

---

① 李斗：《扬州画舫录》卷十一《虹桥录》。

▲（清）烟袋图　　　　　　　▲（清）胎画珐琅花卉水烟袋

　　假如没有广泛的吸食水烟的基础，是不会出现这么专业化的人物和这么高的"烟戏"技艺的。它揭示了清代水烟市场运行是很深入的，竞争是很激烈的。甚至13岁的水儿郎，也拽开了卖水烟讨生活的脚步。[①] 在县镇上的小客店里，也可以看到卖水烟者的身影——

---

① 洞虚子、弃翁手辑：《闻见阐幽录》卷二。

左手拿着擦的镜亮二尺多长的一根水烟袋，右手拿着一个火纸捻儿。只见他"噗"的一声吹着了火纸，就把那烟袋往嘴里给楞入。公子说："我不吃水烟。"那小子说："你老吃潮烟哪？"说着，就伸手在套裤里掏出一根紫竹潮烟袋来。公子一看，原来是把那竹根子上钻了一个窟窿，就算了烟袋锅儿，这一头儿不安嘴儿，那紫竹的竹皮儿都被众人的牙磨白了。公子连忙说："我也不吃潮烟，我就不会吃烟；我也没叫你装烟，想是你听错了。"那卖水烟的一听这话，就知道这位爷是个怯公子哥儿，便低了头出去了。这公子看他才出去，就有人叫住，在房檐底下站着唵噜唵噜的吸了好几烟袋，把那烟从嘴里吸进去，却从鼻子里喷出来。卖水烟的把那水烟袋吹的忒儿喽喽的山响。那人一时吃完，也不知腰里掏了几个钱给他。这公子才知道这原来也是个生财大道，暗暗的称奇。[①]

此情此景，是和士大夫吸水烟有"伴当"代装，

---

① 文康：《儿女英雄传》，第四回，人民文学出版社，1983年版。

▲（清）佚名 卖烟袋 外销画

▲（清）佚名 偷烟袋 外销画

用毕入布袋，故又名"烟袋"的典故是相吻合的。清代史籍还可证实，城市已专设"烟袋铺"①，和专门将烟叶子炮制，剁成方块，用铁刨子刨成丝做"潮烟"的。②

吸鼻烟则与之完全不同。它无须火点和烟袋，只是以烟杂香物、花露，研细末，嗅入鼻中。如有人为鼻烟所作词那样："细细，芳意，酒初醒，消息吹来自醒。杂花故繁香未经，零星不忘双玉瓶。海上携归魂可返，闻缓缓，烟火还能断，看如尘，拭有痕，细蕴，薄酸兼小辛。"③ 这主要是指怎样闻鼻烟和鼻烟味道而言的。实际上，鼻烟确具有通百脉，达九窍，调中极，逐秽恶，避瘴疫，愈头风的特殊效能。④

因此，有身份的人，无不占有名贵鼻烟而示富。有一贵宦用五百两银子购得一罐"金花"鼻烟，另一贵宦讨得一点儿，嗅了绝佳，便动脑筋要把这罐"金花"鼻烟搞来，第二天他当众扬言说那贵宦闻烟到底

① 梁廷枏：《夷氛闻记》卷一。
②《北京民间风俗百图》，书目文献出版社，1983年版。
③ 宋翔凤：《河传·鼻烟》，《浮溪精舍词》。
④ 张义澍：《士那补译》，见刘声木辑：《鼻烟丛刊》。

卖烟包

▲（清）佚名 卖烟包 外销画

▲（清）吴友如 兰州鼻烟烟店图

外行，他那个五百两的"金花"并不好，以谎言惑众。买"金花"的贵宦听说好生懊丧，便取来那鼻烟赏给自己的仆人，而其仆则秘密献给了那位贪图这"金花"的贵宦，得了一个大价钱。[①]

鼻烟的昂贵，使其不像吸旱烟、吸水烟那样广泛。但是鼻烟较之旱烟、水烟并无逊色，就是它所具备的明目、提神、防疫、活血的功效，颇得贵族的钟情，有人认为天热人众，汗臭难当，当闻鼻烟，以清鼻观。闻了鼻烟，就能"喷嚏一声，泉流如注"[②]。这是鼻烟不像旱烟那样遭受禁止，而是始终一帆风顺地成为合法化兴奋剂的主要原因。

旱烟何尝不具备如此的诱惑力？只不过它的际遇不十分平坦，经历了反反复复的禁与放的曲折道路[③]，但最终还是冲开了人们嗜好心理的堤岸……有人针对此提出了这样的疑问："饥则思食，渴则思饮，

---

① 李伯元：《南亭笔记》卷六。

② 韩邦庆：《太仙漫稿·书袁痴恶作剧》。

③ 明清文献，禁止吸烟、种烟，及"闻禁"的记录不绝。详见杨士聪：《玉堂荟记》；汪师韩：《金丝录》，载北平故宫博物院《史料旬刊》，1930（12）等。

人生莫此急矣。烟草一物，无与饮食之数，何以系人之思，更甚于饥渴?"①

其实追溯一下明清史书为我们展示的一些烟草史料，也就容易明白人们为什么在烟酒之间，若"不得已而去，二者何先?"而宁可"去酒"，也不放弃"烟"这样的问题了。②

因为最早提及烟草的典籍，多记载烟草可以避瘴、祛寒，有疗百疾之功。正所谓："辛温有毒，治风寒湿痹，滞气停痰，山岚瘴雾。其气入口，不循常度，顷刻而周一身，令人通体俱快，醒能使醉，醉能使醒，饥能使饱，饱能使饥，今人以之代酒代茗，终身不厌。"③

《本草汇言》等医书大体也持有相同的观点，认为一切不通之病，只要一吸烟就会顺畅了。这显然是夸大之辞，实际上，只能说是烟草在某种程度上具备防病治疾的效能。可是在烟草传播初期，正是由于烟

---

① 龚炜：《巢林笔谈续编》卷下《烟瘾》。
② 王士祯：《分甘余话》卷上。
③ 王颖：《食物本草》卷下《造酿部》。

草罩上了利九窍、祛风寒、停痰滞、去百病这样神秘的灵光，它才得以"遍行环宇"①。

综上所述，烟草之所以对人起着"如惑狐媚，如蛊妖色"这样难以抗拒的诱惑力②，主要是烟草在燃烧时所变化出来的香气，对人的神经具有强烈的刺激作用，以至有人坚持这样的观点："损益人凭说，辛芳尔不渝。"③

从人的吸烟过程看，生烟叶都要揉碎，用烟袋锅点火吸食。烟叶所含有的碳、氢、氧化合物的香气，通过吸食贯输于人的全身。若将烟叶除去筋和杂质，切成细丝，做成熟烟，再加入香料、油剂，烟叶固有的香味会挥发得更加芬芳。

杭州烟丝之所以闻名于清代④，就是因为它掺入了兰花子、檀香末、南雄烟筋等，使其香味浓郁宜人。明崇祯时，开始有了细切烟丝远贩他乡的行

---

① 张璐:《本经逢源》卷一《火部》。

② 黄之隽:《唐堂集补遗·烟戒》。

③ 佚名:《咏烟草》,《清诗纪事》,江苏古籍出版社,1987年版。

④ 范祖述:《杭俗遗风·驰名类·五杭》。

当①，清乾隆时，在广东佛山出现了专门远销外地的"烟丝行"②，原因就在于此。

烟草所散发出来的氤氲之气，使许多人沉迷如醉，不能自拔。它似乎可以遣寂除烦，可以远僻睡魔，可以佐欢解渴，饭余散步，醉筵醒客，均可以烟草为一助……吸烟已成为人们生理上的一种基本需求，有人竟把吸烟提到高于饮食的地位。③

可是从本质上看，烟草不是食物。有的县志就将烟草物品划入消耗品一类④，这就如同清代上海从泰国进口来的藤烟管一样，它价贵、难至，可是易售。⑤也就是说它于饮食无补，但又和必需的饮食等同，不可或缺，很受人们欢迎。据清嘉庆朝宋咸熙《耐冷谭》分析：壮者每天食盐不过一钱，可吸烟却费数文钱。正像一评论烟草作用的人所说的："饥不可食，渴不可饮，而切于日用，有甚于饥渴焉。"⑥这确是颇

---

① 叶梦珠：《阅世编·食货·六》。
②《民国佛山忠义乡志》卷六《宾业》。
③ 蔡家琬：《烟谱》，《拜梅山房儿上书》。
④ 吴馨等修：《上海县志》，民国二十五年二十卷铅印本。
⑤ 杨光辅：《淞南乐府》，《艺海珠尘丛书》。
⑥ 郝懿行：《证俗文》卷一《烟》。

有意趣的饮食现象。

烟草是作为一种嗜好品，自 16 世纪中后期，到 18 世纪这一二百年间，遍及整个神州大地。它与几乎同步而来的鸦片还不太一样①，鸦片是作为药品引人抽吸上瘾的，政府一向明令禁止。②烟草虽有着吸与禁的争执际遇，但却始终没有遭到"天下物之恶，莫恶于鸦片"这样咬牙切齿的咒骂声。③

烟草在中国之初，是被人们看成稀罕物品的，把它当作馈赠、待客的佳品。清初，人们已经将客到，请其吸烟为先礼了。④有的人家为了待客竟储备烟草达数十箱。⑤在城市烟店，也往往贴上这样一对楹联："醉客不须仪狄酒；留宾可代陆羽茶。"⑥

烟草很快融入人们的日常生活之中，渐成时尚。如有的少年在出外访客时，除着社会上流行的"顶

① 张燮：《东西洋考》卷七《饷税考》。
② 陈其元：《庸闲斋笔记》卷八《雍正朝不识鸦片烟》。
③ 许仲元：《三异笔谈》卷二《鸦片》。
④ 陈鸿、陈邦贤：《清初莆变小乘》，《清史资料》第 1 辑，中华书局，1980 年版。
⑤ 龚炜：《巢林笔谈》卷三《翁吝媳奢》。
⑥ 无名氏：《重编留青新集》卷二十三《楹联·城市》。

小帽，衣长衫，元色马褂"，也要乔模乔样"手执烟筒"①，以表自己入时。有的则是"太平代的荷包长烟袋，银锁链走一步来响哗啷"②。

吸烟时尚突出现象之一是"渐染及妇女"③。据传慈禧太后常常手执一管，吸着烟与群臣商定国事④，而且侍候慈禧太后吸烟已形成一套程序，其必备的物品一是火石，二是蒲绒，三是火镰，四是火纸，五是烟丝，六是烟袋。"敬烟"时，"拿出火镰，把火石、蒲绒安排好，转过脸去（务必背过身子去），将火石用火镰轻轻一划，火绒燃着后贴在纸眉子上，用嘴一吹，把火眉子的火倒冲下拿着，轻轻地用手一拢，转回身来，再用单手捧起烟袋，送到老太后嘴前边一寸来远，等候老太后伸嘴来含。当老太后嘴已经含上烟筒了，这时就要把纸眉子放在左手下垂，用左

① 钱学纶：《语新》卷上。
② 《清车王府钞藏曲本·子弟书集》，《风流词客》。
③ 孔继涵：《烟草诗千一百字》，《清诗纪事》，江苏古籍出版社，1989年版。
④ 燕北老人：《清代十三朝宫闱秘史·一口淡巴菰中产出新皇帝》。

手拢着，伺候太后吸完一袋烟后，把烟锅拿下来，换上另一个"①。这种"敬烟"程序，应看作是清代人们长期"敬烟"的一种典范。

在民间，将"敬烟"品尝当成款待女客的方式已比较常见。②绣闺中，"金管锦囊，与镜奁牙尺并陈"已屡见不鲜。③有的妇女用"水烟袋"调情④，对自己意中人表示好意竟是赏一袋烟抽，所谓："颤巍巍玉嘴竹节乌木袋，香馥馥烟料兰花豆蔻皮。"⑤南方缙绅名门妇女，每天要吸数筒烟草才出闺房。⑥北方妇女则以吸抽劲大的烟独树一帜：一个烟袋足有五尺多长，一个烟袋嘴儿七寸多长，一个红葫芦烟荷包有二寸米大。⑦而且妇人的烟袋，是银嘴，乌木杆，铜锅，被称为"登其峰造其极矣"。

---

① 沈义羚、金易：《宫女谈往录·敬烟》。

② 江之兰：《文房约》，《檀几丛书》二集。

③ 阮葵生：《茶余客话》卷九《咏烟诗》。

④《白雪遗音》卷二《吃水烟》。

⑤《续戏姨》，《清车王府钞藏曲本·子弟书集》。

⑥ 金学诗：《无所用心斋琐语》。

⑦ 文康：《儿女英雄传》，第十五回，人民文学出版社，1983年版。

此中國上老婆子之圖其老婦貨房數間
亦為媒婆有鄉中寒苦女子來京作活者
住宿其家若有老媽向其覓之僱工以
為保人

Old Woman

Arrange negotiation of marriages, lodging
house keeper &c

▲（清）佚名 手持烟袋的媒婆 外销画

当然，男子的烟袋更不弱，贵重者价数百金，次者数十金，下者亦值数金。它与洋烟壶、扇子、扳指有"随身四宝"雅称，而且男子的烟袋所装烟更多。明崇祯初，就有人看见一男子用一铜嘴铜斗粗竹烟管吸烟，铜斗可装一两多烟丝。[1]《四库全书》总编纪晓岚，则以其烟锅盛烟丝四两而名噪一时[2]……

明清时期人们吸食烟草的水准，在当时世界上是居领先地位的，消费量与生产量都是无法估计的。[3]明清时期人们对怎样吸烟还制定了一系列的礼俗规范，将吸烟方式提升到了世界吸烟史上一个很高的水平。

像"宜吃者八事""忌吃者七事""吃而宜节者亦七事""吃而可憎五事"。其中虽不乏士大夫孤芳自赏难以大众化的吸烟方式，如"饲鹤忌吃""听琴忌吃"等，但是其中吸烟时的被里宜节、事忙宜节、囊悭宜节、踏落叶宜节、坐芦篷船宜节、近故纸堆宜节。吐

---

① 徐康：《前尘梦影录》卷下。
② 姚元之：《竹叶亭杂记》卷五。
③ 爱尼斯·安德逊：《英使访华录》，商务印书馆，1963年版。

痰可憎、呼吸有声可憎等，都是十分有益的吸烟文明经验的总结。①

烟草在中国的发展如此深入，从世界作物引进史的角度看是一大奇迹。分析一下这奇迹的根源，就会发现是不可遏止的在农业经济土壤中萌动的资本主义萌芽，为这种人民嗜好的消费品提供了广阔的吞云吐雾的历史舞台。

像山东济宁人民因种烟草，"获利甚赢，其后居人转相慕效"，于是"山东乡村遍植"②。福建南平县

▲（清）红缎平金银双喜蝠荷包火镰

———————————

① 陆耀：《烟谱》，《昭代丛书》丁集新编。
② 《嘉庆寿光县志》卷九。

也是因"烟草获利，栽者日伙，城堧山陬，弥望皆是，且有植于稻田"①。即以两省来看，烟草的经济效益是很可观的，所以才有了"殷勤说与儿童晓，烟叶烟根尽值钱"这句诗②，将这种观念灌输于儿童，这再清楚不过地道出了烟草所具有的特殊商品属性。正因烟草已走上满足市场需要的商品生产之路，于是明清的农村出现了"种烟之地，半占农田；卖烟之家，倍多米铺"的景象。③ 烟草才得以保持极其旺盛的循环发展势头，成为人们饮食生活方式中重要的一项。

---

① 《嘉庆南平县志》卷八。
② 朱履中：《淡巴烟草》，《清诗纪事》，江苏古籍出版社，1989年版。
③ 吴大勋：《滇南闻见录》卷下。

后记

二十世纪八十年代中期，我应赵荣光教授之邀，"客串"《中国饮馔史》研究写作。

明清饮食自来无史，问题繁杂，遂将明清列一单元，为此我孜孜以求，费时八年，成一专著。后以《明清饮食研究》之名，在台湾以繁体字出版，两次印刷，行销海外。大陆清华大学出版社则以《1368-1840 中国饮食生活》之名，以简体字出版，印刷两次，面向普罗。

两书内容似与《明清饮食》差别不大，其实不然。

笔者为了突出人在饮食活动中的作用，搜集了许多可以与明清饮食历史互相证明的图片资料，并将其布之于清华版的书中，书中某些章节由于有图片的映照而显得灵动起来。

　　现在，是宋杨女史，将明清饮食最具代表性的食贩图片分门别类，加以勾连，构成了食贩人物绣像长廊，它不仅供人欣赏，更主要的是从食贩出发拉开了一个新的研究方向的帷幕。

　　为使《明清饮食》更加严谨准确，精益求精，责编傅娉细致审核，以文字与图片相得益彰，就此可以说：三版堪称新书，以此书加之二十年检验的二书，标示着明清饮食研究线索大体可寻，一个厚重的研究体系的基石已经显现。我相信，我期待……

伊永文

匆匆写于二〇二二年十二月
防疫之冬夜晚

图书在版编目（CIP）数据

明清饮食：从食自然到知风味 / 伊永文著. —北京：中国工人出版社，2023.1
ISBN 978-7-5008-7822-3

Ⅰ.①明… Ⅱ.①伊… Ⅲ.①饮食－文化－中国－明清时代 Ⅳ.①TS971.202

中国版本图书馆CIP数据核字（2023）第006468号

明清饮食：从食自然到知风味

出 版 人	董　宽	
责 任 编 辑	宋　杨	
责 任 校 对	赵贵芬	
责 任 印 制	黄　丽	
出 版 发 行	中国工人出版社	
地　　　址	北京市东城区鼓楼外大街45号　邮编：100120	
网　　　址	http://www.wp-china.com	
电　　　话	（010）62005043（总编室）	
	（010）62005039（印制管理中心）	
	（010）62379038（社科文艺分社）	
发 行 热 线	（010）82029051　62383056	
经　　　销	各地书店	
印　　　刷	三河市东方印刷有限公司	
开　　　本	787毫米×1092毫米　1/32	
印　　　张	10.625	
字　　　数	165千字	
版　　　次	2023年5月第1版　2023年5月第1次印刷	
定　　　价	78.00元